“十三五”国家重点图书出版规划项目
中国特色畜禽遗传资源保护与利用丛书

枫　泾　猪

吴井生　主编

中国农业出版社
北　京

图书在版编目（CIP）数据

枫泾猪/吴井生主编．—北京：中国农业出版社，2019.12

（中国特色畜禽遗传资源保护与利用丛书）

国家出版基金项目

ISBN 978-7-109-25882-2

Ⅰ．①枫…　Ⅱ．①吴…　Ⅲ．①养猪学　Ⅳ．①S828

中国版本图书馆 CIP 数据核字（2019）第 200591 号

内容提要：本书共分 10 章，系统地介绍了枫泾猪的品种起源与形成过程、品种特征和性能、品种保护、品种繁育、营养需要与常用饲料、饲养管理技术、疫病防控、养殖场建设与环境控制、废弃物处理与资源化利用、开发利用与品牌建设等。

本书以大量的文献资料和随访笔记为基础，数据翔实，来源可靠，图片真实，生动活泼，可作为畜牧兽医专业的教材，也可作为畜牧兽医科技工作者、畜牧兽医生产人员的参考书。

中国农业出版社出版

地址：北京市朝阳区麦子店街 18 号楼

邮编：100125

责任编辑：林珠英　黄向阳

版式设计：杨　婧　　责任校对：巴洪菊

印刷：北京通州皇家印刷厂

版次：2019 年 12 月第 1 版

印次：2019 年 12 月北京第 1 次印刷

发行：新华书店北京发行所

开本：720mm×960mm　1/16

印张：13.25　　插页：2

字数：224 千字

定价：82.00 元

丛书编委会

本书编写人员

主　编　吴井生

副主编　郭　苹　陈　超　杨剑波

编　者　吴井生　郭　苹　陈　超　杨剑波　陈永霞
　　　　　骆桂兰

审　稿　张建生　方美英

出版说明

我国是世界上畜禽遗传资源最为丰富的国家之一。多样化的地理生态环境、长期的自然选择和人工选育，造就了众多体型外貌各异、经济性状各具特色的畜禽遗传资源。入选《中国畜禽遗传资源志》的地方畜禽品种达 500 多个、自主培育品种达 100 多个，保护、利用好我国畜禽遗传资源是一项宏伟的事业。

国以农为本，农以种为先。习近平总书记高度重视种业的安全与发展问题，曾在多个场合反复强调，“要下决心把民族种业搞上去，抓紧培育具有自主知识产权的优良品种，从源头上保障国家粮食安全”。近年来，我国畜禽遗传资源保护与利用工作加快推进，成效斐然：完成了新中国成立以来第二次全国畜禽遗传资源调查；颁布实施了《中华人民共和国畜牧法》及配套规章；发布了国家级、省级畜禽遗传资源保护名录；资源保护条件能力建设不断提升，支持建设了一大批保种场、保护区和基因库；种质创制推陈出新，培育出一批生产性能优越、市场广泛认可的畜禽新品种和配套系，取得了显著的经济效益和社会效益，为畜牧业发展和农牧民脱贫增收作出了重要贡献。然而，目前我国系统、全面地介绍单一地方畜禽遗传资源的出版物极少，这与我国作为世界畜禽遗传资源大国的地位极不相称，不利于优良地方畜禽遗传资源的合理保护和科学开发利用，也不利于加快推进现代畜禽种业建设。

为普及对畜禽遗传资源保护与开发利用的技术指导，助力做大做强优势特色畜牧产业，抢占种质科技的战略制高点，在农业农村部种业管理司领导下，由全国畜牧总站策划、中国农业出版社出版了这套“中国特色畜禽遗传资源保护与利用丛书”。该丛书立足于全国畜禽遗传资源保护与利用工作的宏观布局，组织以国家畜禽遗传资源委员会专家、各地方畜禽品种保护与利用从业专家为主体的作者队伍，以每个畜禽品种作为独立分册，收集汇编了各品种在管、产、学、研、用等相关行业中积累形成的数据和资料，集中展现了畜禽遗传资源领域最新的科技知识、实践经验、技术进展与成果。该丛书覆盖面广、内容丰富、权威性高、实用性强，既可为加强畜禽遗传资源保护、促进资源开发利用、制定产业发展相关规划等提供科学依据，也可作为广大畜牧从业者、科研教学工作者的作业指导书和参考工具书，学术与实用价值兼备。

丛书编委会

2019年12月

序言

我国是世界畜禽遗传资源大国，具有数量众多、各具特色的畜禽遗传资源。这些丰富的畜禽遗传资源是畜禽育种事业和畜牧业持续健康发展的物质基础，是国家食物安全和经济产业安全的重要保障。

随着经济社会的发展，人们对畜禽遗传资源认识的深入，特色畜禽遗传资源的保护与开发利用日益受到国家重视和全社会关注。切实做好畜禽遗传资源保护与利用，进一步发挥我国特色畜禽遗传资源在育种事业和畜牧业生产中的作用，还需要科学系统的技术支持。

“中国特色畜禽遗传资源保护与利用丛书”是一套系统总结、翔实阐述我国优良畜禽遗传资源的科技著作。丛书选取一批特性突出、研究深入、开发成效明显、对促进地方经济发展意义重大的地方畜禽品种和自主培育品种，以每个品种作为独立分册，系统全面地介绍了品种的历史渊源、特征特性、保种选育、营养需要、饲养管理、疫病防治、利用开发、品牌建设等内容，有些品种还附录了相关标准与技术规范、产业化开发模式等资料。丛书可为大专院校、科研单位和畜牧从业者提供有益学习和参考，对于进一步加强畜禽遗传资源保护，促进资源可持续利用，加快现代畜禽种业建设，助力特色畜牧业发展等都具有重要价值。

中国科学院院士
中国农业大学教授 吴常信

2019年12月

前言

畜禽遗传资源同其他资源一样是国家发展战略的重要物质基础，是国家食物安全和经济产业安全的重要保障，是畜牧业发展的基础。在现代化生产的背景下，种源与育种水平已成为国际畜牧行业竞争的主要筹码，也是制约我国畜牧业可持续发展的主要因素之一。我国是世界上畜禽遗传资源最为丰富的国家之一，在国际上占有重要地位。

但就全国而言，多年来系统介绍单一地方品种或我国自主培育、具有知识产权畜禽品种的图书极少，即使是多年从事畜牧工作的人员对很多优秀地方品种和自主培育品种的认知与了解也极为有限，不仅极大地影响和阻碍了优良地方品种的保护和有序开发利用，也阻碍了自主培育品种在生产中的应用推广。为了进一步挖掘和整理地方畜禽遗传资源，宣传推广自主培育的优良畜禽品种，加强资源保护与可持续开发利用工作，为种质创新提供素材和依据，为畜牧业健康可持续发展提供资源保障和技术支撑，中国农业出版社联合业界同人，共同完成《中国特色畜禽遗传资源保护与利用丛书》出版工程。

枫泾猪以前作为太湖猪里七个地方类群之一，在 2011

年出版的《中国畜禽遗传资源志·猪志》里又被重新界定为品种，以其繁殖力高、母性好、耐粗饲等优异性能和“枫泾丁蹄”历史悠久的独特产品而闻名于世，同时，关于枫泾猪的研究起步也早，报道也多，经过大量的试验报道，枫泾猪的种质资源特性也逐渐清晰。在本书编写过程中，编委会查阅了大量关于枫泾猪的研究论文、期刊、书籍、产区县志等文献资料，走访了许多专家、学者、企业人员和养殖农户等行业实践者，系统地介绍了枫泾猪的起源和形成过程、品种特征和性能、品种保护、品种繁育、饲养管理、品种疫病防控、品种资源开发和利用等。

本书共分十章，由吴井生主编。第一、二章由吴井生编写；第三、四章由吴井生、陈超编写；第五、六章由郭苹编写；第七章由陈永霞编写；第八、九章由杨剑波编写；第十章由骆桂兰编写。张建生、方美英负责审稿。

本书在编写过程中参考了许多文献资料，并引用了其中的数据和图片，编者对这些文献和资料的作者表示诚挚的感谢！感谢老一辈畜牧兽医工作者长期的工作坚持和数据积累，才有这本书的出版。

书中错误和不当之处在所难免，希望广大读者予以批评和指正。

吴井生

2019年6月

出版说明
序言
前言

目录

第一章 枫泾猪品种起源与形成过程

第一节 产区自然生态条件

枫泾猪，因以原上海市金山县的枫泾镇为苗猪集散地而得名。

枫泾猪中心产区在上海市金山区的枫泾镇。该镇与浙江省交界，历史上曾属浙江省。枫泾猪主要分布在上海的金山、松江、奉贤、浦东、青浦的西南部和江苏的吴江，其中，吴江以松陵、芦墟、盛泽、南麻等镇较多。

上海市金山区地处长江下游，长江三角洲南翼，太湖流域碟形洼地东南端。全境地势低平，海拔高度由北西至东南略有升高，河渠交织成网。枫泾镇位于上海市西南隅，金山区西陲；东距朱泾 14km，南距杭州湾 35km，西南距嘉兴 27km，北距青浦 30km，东北距松江 26km，距上海市区 57km，地理坐标为：30°54′N、120°E；镇区东西长 1.374km、南北宽 1.026km，总面积 1.42km^2。枫泾镇四周皆水，镇内河道纵横，南接华亭塘（枫泾塘）、冒家圩塘，西通三里塘，东承秀州塘，北通白牛塘、定光塘；清末民国初，镇区河、浜、湾共 22 条，总长 7 840m；新中国成立初期，镇区河、浜、湾共 18 条，总长 7 300m；至 1989 年，镇区共有河流 7 条，总长 4 740m。

枫泾猪中心产区位于北亚热带，属季风气候区。受冬夏季风交替影响，四季分明，降水充沛，日照较多，无霜期较长，适宜稻、麦、棉、油菜等农作物生长，但受台风、雨涝和寒潮影响较大。

春季始于 4 月初，冷暖空气活跃，乍暖还寒，变化较多，时有低温和连阴雨，部分年份还会出现倒春寒，4 月下旬还可出现晚霜冻。夏季始于 6 月中旬后期，历时 3 个月左右，夏季气温高，热量足；6 月中旬至 7 月中旬前期为梅雨季节，当处于冷区时，气温偏低，连续降水潮湿，处于暖区时，忽晴忽雨，温度偏高，天气闷热，雷雨暴雨较多，易引起洪涝灾害；7月中下旬至8月中旬是全年最热时期，当地面刮西南风时常有高温酷暑；8月中旬至9月中旬天气由热转凉，是台风暴雨和秋雨最多的季节。秋季冷空气逐渐增强，往往温度骤然下降，温差较大，多数年份为秋高气爽的天气；秋末常有一段冷雨日子，少数年份在10月下旬就出现5℃以下低温，并有早霜，对农作物产量和质量影响较大。从11月下旬至翌年4月初，历时130d左右，气候特点为严寒少雨雪；其中，11月下旬至12月底多干冷，在强冷空气侵袭下多暴冷和霜冻天气，最低气温可降到零下5～6℃，出现严重冰冻；2月中旬至3月中旬，是全年光照最少、下雪最多的时候，温度回升缓慢，多阴冷天气。

年平均气温15.7℃，无霜期226d。东南濒临杭州湾，受海洋影响，与西北部在热量条件上略有差异。春季回暖稍迟，气温略低；夏季凉爽，高温天气少；秋冬季降温稍迟，气温略高。由于地区热量差异，造成农作物播种和收获期南迟北早，相差2～3d。

光照充足，常年平均日照时数为2 021.2h。一年之中太阳光照的变化是：1—5月逐月增多；6月中旬至7月中旬，处于梅雨季节，太阳光照相对减少；7—8月处于伏旱季节，太阳光照最强；9月起太阳光照又逐月明显减少，到12月为最低点。常年平均为467.44kJ/cm^2。

年降水量1 046mm，相对湿度81%。降水量的季节变化明显，冬季下半段干燥少雨，夏季下半段暖湿多雨，降水主要集中在3个季节，即春、夏、秋。4—9月平均降水量约占全年总雨量的七成左右，暴雨绝大多数出现在此期。影响较大的是台风雨和梅雨，10年中约有9年受不同程度的台风影响，造成较大的台风雨，总雨量达100mm以上的台风雨集中于7月15日至9月20日。梅雨前期多连阴雨，后期多雷阵雨，暴雨约五年三遇。梅雨期平均始于6月12日，终于7月12日，持续31d，雨量208mm，雨日19d。从上年12月到下年3月有少量降雪，平均年降雪6.96d。冰雹为局部性天气，2～3年一遇。2月底至3月底为春季小冰雹期，时间一般在夜间到凌晨；4月下旬至6月下旬为春夏冰雹期，时间一般为傍晚到夜间，大多伴有雷雨；7月下旬至9月上旬为盛夏冰雹期，时间一般在午后到傍晚，往往伴有雷雨天气或龙卷风。

常年平均风速为3.6m/s，主要是季风与台风。从11月至翌年2月盛行西北风，气候寒冷干燥；4—8月盛行东南风，暖热湿润，7—8月有西南风时，高温干燥；3月、9月和10月前期，是季风转换的过渡时期，一般以东北风和南风为主，低温阴雨的天气较多。台风主要发生在夏秋之间。无霜期常年平均228d，有霜期常年平均47.8d。秋季最低气温降到4℃以下时，就可能有霜或暗霜出现。初霜日常年平均11月16日，终霜日常年平均4月1日。

土壤以壤土质的黄泥土和黏土质的青紫泥为主，其次是小粉土，还有少量灰土和堆叠土。金山区西北部低田区，地下水位高，大部为青紫泥；中部低平田区，地势略高，以青黄泥、青黄土为主；东南部高平田区，地势高爽，以黄泥头、青黄泥为主，地下水位在1m以下。耕层土壤有机质平均含量（3.91±0.77）%，全氮（0.230±0.042）%，北部高于南部；全磷（0.065±0.024）%，但有效磷含量较低，平均为（12.7±5.85）mg/kg，低于9mg/kg的近1万hm^2；全钾（2.16±0.187）%，酸碱度（pH）平均6.89，大部呈中性。

耕地利用以粮油作物种植为主，其余为多种经营。实行稻-麦或稻-油菜两熟，随着农业结构的不断调整，粮、油种植面积逐渐减少，经济作物及其他多种经营不断发展。

第二节　产区社会经济变迁

枫泾成市于宋代，初称白牛市，元初易市为镇，是一个有名的古镇。明宣德五年（1430）起，以镇中市河为界，分为南、北镇，南属嘉兴府嘉善县；北归松江府华亭县；1951年3月，南镇并入北镇，统属松江县；1966年10月，归入金山县。地处江浙沪边界和松江、青浦、嘉善、平湖、金山5县交界。镇周水网密布，镇区内河道纵横。东栅的秀州塘、雪水泾，通往金山、松江、上海市区；镇南的冒家圩河、华亭塘（枫泾塘），通至嘉善、嘉兴、平湖、杭州等地；西栅的三里塘、定光塘，直达西塘、湖州、苏州、无锡等地。清宣统元年（1909）建成的沪杭铁路，1936年筑成的松（亭）枫、杭枫公路，均在枫泾交会并设站运营。1987年，朱枫（朱家角-枫泾）公路又在镇境西侧建成通车。由于水路交通四通八达，促使枫泾市场繁荣，贸易兴旺。枫泾猪，作为一个特殊的商品，处在这个得天独厚的特定条件下，它的形成也非偶然。

枫泾镇地处太湖流域南缘，系江南鱼米之乡，四周大面积种植水稻。为使稻苗生产茂盛，广产丰收，必须要有肥沃的土壤，猪粪是种植水稻的最好肥料之一。这就自然而然形成了农村家家户户养猪，不过是穷户少养、富户多养之别而已，故有“养猪不赚钱，回头看看田”的俗谚。农户把养猪作为种田的根本。“养猪肥多，肥多粮多”“种田养猪”是天经地义的事；反之，盛产米粮的江南水乡，给枫泾猪的饲料来源带来了天然的优越条件。

明末清初，得天独厚的水乡自然环境使枫泾镇商业经济不断繁荣，镇上作坊众多。酒、酱、糖坊及酒肆业有 80 余家，其副产品及下脚醪糟、酒糟、豆渣、泔水等资源充沛，是养猪的廉价饲料。清末，枫泾镇米麸业得到发展，仅光绪末年至民国初年的一段时间里，全镇就有 40 余家麸行开设。抗日战争后期，是米麸业最盛时期，全镇仅大、中米麸行有 70 余家，年收糙米 31 200t，最高日收量 390t；年销售麸皮量 35 000t 以上，最高日销售量超过 200t。规模较大的米行均设有碾米厂。民国初，全镇有 7 家碾米厂，抗日战争后期发展到 13 家，其大量的副产品米糠、麸皮是喂猪营养价值最好的饲料，均销售给枫泾地区的养猪户。喂养糠麸后的枫泾猪，不但生长快，肉质鲜嫩，而且猪粪肥效特高。为此，对养殖枫泾猪起到了推动和促进作用。此时，枫泾周围数十里的养猪户，凭借枫泾交通便、市口活的特点，纷纷将苗猪运来枫泾出售，从而促使了枫泾镇的苗猪市场颇为活跃。邻近的松江、青浦、朱泾、嘉善、平湖等 10 余个乡镇的苗猪纷纷涌来枫泾上市。起先，苗猪在集市上自由买卖，有时由中间人（牙纪）插手交易。光绪二十四年（1898），彭恒义小猪行开设；民国初，又开设张成泰小猪行。苗猪源源不断地销往新篁里、芦墟、斜桥、临平、同里、菱湖等地。年成交苗猪量最高达 20 万头。加上民国初全镇开设的 14 家肉铺，年销售毛猪近 2 万头，枫泾猪产销两旺。枫泾镇的苗猪、毛猪市场影响日益扩大。

随着苗猪贸易市场的兴旺，苗猪上市量与成交量日益增多，客户从四面八方赶来枫泾镇争购苗猪。天长日久，枫泾的土种猪便正名为“枫泾猪”。一个太湖品系的土种黑猪，因枫泾而得名，枫泾又因“枫泾猪”而盛名。新中国成立后，随着枫泾猪的保种育种和杂交利用，“枫泾猪”闻名国内外。客商采购枫泾苗猪，非枫泾的不要。有几次，邻近枫泾的嘉善县里泽镇新开苗猪行，向过往的福建省采购猪的客商兜售苗猪，客商明确表示："不到枫泾不捉（购）猪。"可见，枫泾镇和"枫泾猪"的信誉之高。

枫泾猪是由产区各地含有大花脸猪血统的猪种与属于华北型淮猪血统的猪种，随着人们的迁移和交往，相邻猪种间进行杂交和杂种之间以及杂种和亲本之间的回交等各种杂交方式，加上群众的选种爱好而形成的。太湖流域所处的自然环境、社会经济等条件，尤其是耕作制度，对枫泾猪的形成有较大影响。

枫泾猪的产地为太湖流域，气候属于亚热带和暖温带过渡地区的湿润季风气候；土质沙性较重，早在万历年间（1573—1620）已发展成为重要的产棉区，农作物以棉花和杂粮为主。当时养猪属于富户人家所有，农民限于经济条件，一般只养小猪和架子猪，饲养期长，而拥有粮食和资金的富户人家，是当时主要的畜主与消费者，他们用低价购入架子猪，经短期催肥而取得猪肉。他们讲究吃肉，尤喜蹄髈，要求皮厚而软、脂肪中等、胶质较多，依此要求长期选育，形成了大花脸猪个体较大、皮厚的特点。在强制的充分饲养条件下，加之个体大的影响，促使大花脸猪的食欲增强，对精料的要求高，从架子猪到养肥出圈要"三担大麦一挑饼"。此外，由于积肥的需要，猪圈多设在屋内，光线黑暗，猪只缺乏运动；加之冬季用干土、夏季用青草的垫圈方式和群众选择的影响，使猪的性情特别温驯。

近一个世纪以来，随着太湖流域的人口大量增加，土地的利用率日益提高，农作物品种以棉花为主改变为粮棉并重，继而转为以粮为主。由于农作物栽培布局的改变，扩大了粮食作物种植面积，加上土地复种指数提高，耕作精细，所需有机肥量增加，养猪业随之得到进一步发展，又加上广大农民需要耐粗（饲）而周转快的猪种——枫泾猪应运而生。

由于农作物加工副产品多，加上城镇的粮食和油料等加工副产品也较多，精饲料充足，青饲料也比过去增加，这些均有助于缩短饲养期，育肥猪一般半年即可出圈。由于精饲料以大麦、米糠、麦麸等为主，青饲料以南瓜、萝卜、青草和水浮莲、水葫芦、水花生等水生饲料为主，这些饲料磷多钙少，有利于生殖器官的发育，但对骨骼的生长发育不利。养猪仍沿用垫土、垫草的软圈积肥方式，终年饲养于光线较暗的舍内，少见阳光，更缺乏运动。太湖流域大中城市较多，人民生活水平较高，对肉食质量较为讲究。由于遗传和环境等因素的影响，经过长期选育，当地猪种逐渐形成体型中等、耳大下垂、性情温驯、繁殖力高、肉质鲜美等特征、特性。

第三节　品种(包括不同类型)形成的历史过程

一、品种形成

据考证，枫泾地区早在二三千年以前，先民们已将狩获的类似华南野猪逐渐驯养成家猪。经过千百年的饲养驯化，家猪体态与野猪相比发生明显的变化，体表为黑色鬃毛，生殖性能有很大提高，警觉性变差，性情温顺，当地人称“黑猪”或“杜种猪”。

枫泾猪原产上海市的金山区、松江区，分布于奉贤区、浦东新区（原川沙县）、青浦区等地。据《中国太湖猪》（1991）记载，以枫泾猪蹄为原料制作的卤制品，是原产地上海枫泾镇传统卤品之一。清光绪二年（1876），著名的“丁义兴”（现枫泾饭店前身）的特色产品——“丁蹄”，获莱比锡国际博览会金奖。可见，枫泾猪至少有 100 年以上的饲养历史（陈效华等，1964）。据陈效华等（1964）调查，在万历年间（1573—1619），太仓、嘉定、上海、松江等地已发展成为重要产棉区，当时养有一种大花脸猪，头大皮厚、皱褶多而深、富有胶质，毛色有全黑、全白和黑白花几种。可以说，枫泾猪是大花脸猪经群众长期选育形成的。根据农业气候的特征，我国汉水和长江中下游平原处于亚热带和暖温带的过渡地区。气候上的过渡性特征，导致农作物、林木种类以及畜牧业等一般都兼有南北之利。这一带人口较密，工农业发达，交通方便，在经济上的要求复杂而多样化，因此，对猪种的分布和选育的干预较多，尤其长江下游和沿海地区风味突出。我国猪种类型划分时，曾将这里的猪种归属为华北华中过渡型，后因地处长江两岸，靠东海之滨，又改称江海型。根据枫泾猪的调查资料，可以推断枫泾猪是在一二百年前由一种皮较宽厚、个体较大的华中型猪种与个体较小、较细致紧凑的华北型猪种杂交而育成一种华北华中过渡型猪种。江苏省吴江市历史上以饲养黑猪为主，品种比较混杂，20 世纪 60 年代开始从上海引进枫泾猪，到 70 年代全县已普及枫泾猪，成为枫泾猪的主产地之一。

随着农业生产的发展，形成了现今的滑尖、翁头和寿字头 3 种类型的猪种。滑尖又称“杜种”“筷头”，体重在 60kg 左右，头长、额狭，有皱纹，紫红细皮，四脚白，丁香乳头；翁头猪，体型大，粗皮，皱褶多，俗称“橡皮猪”。猪种的形成受自然条件和社会经济条件等因素所决定，但社会经济条件并不能改变已有的猪种，而是由于社会经济条件的变化产生新的生产要求所致。枫泾古镇商业的形成，加上水陆交通枢纽的特殊条件，粮食副业（酒坊、糖坊、糟坊等）的发展，苗猪交易市场和苗猪行的设立，粮行和麸皮店的应运而生，农业生产不断发展的需求，造成了农业、养猪业相互促进、相互依存的密切关系。尤其是20世纪50年代所有制和经济体制的变革，改变了对猪种的选择和选配方向，提高了培育、饲养和管理的技术，从而，以枫泾为中心的土种良种黑猪正式定名为“枫泾猪”，并得到国内外畜牧专家极高的评价。70年代按照国家农林部要求：把同一猪种范围内的不同类群，按照共同的外貌特征、生理特点和一致的生产性能划为一个品种，枫泾猪和太湖流域其他类似猪种统一定位为太湖猪，枫泾猪属太湖猪枫泾猪类群。

枫泾地区的劳动人民在生产实践中积累了丰富的养猪经验，对枫泾猪的选种和培育都有独特的地区传统，尤其着重对母系种猪的选择。母系种猪不仅形成具有母性温顺、耐粗饲和经济早熟特点著称于世，而且在繁殖这一遗传力很低的性状和肉质鲜美方面达到世界猪种的先进水平，对世界养猪事业起了一定的推动作用。枫泾猪繁殖力高，据金山县种畜场20世纪80年代统计：3～7胎枫泾纯种母猪平均产仔数16.69头，产活仔数15头；品种杂交产仔数、产活仔数和纯种猪基本相同；品种杂交（枫泾猪血统仅占25%），其产仔数、产活仔数略有减少。1986年，法国引去的猪种，经法国专家进行遗传理论研究，证明枫泾猪存在高产的机制。肉质上，最明显的例子是枫泾镇上丁义兴饭店用枫泾猪蹄烹制的“丁蹄”，闻名遐迩。经过不断改良猪种，枫泾猪的瘦肉率有所提高，肉质保持原有鲜美。

推广应用枫泾猪的经济杂交，利用杂交一代优势，是提高养猪效益、增加经济效益的十分有效的途径。枫泾猪最大的弱点是，纯种枫泾育肥猪饲养周期长，体重小，生长慢。据县种畜场长期育肥猪饲养观察，枫泾纯种育肥猪平均饲养周期7个月，体重70kg，日增重330g，每增重1kg耗精料4.58kg；农户饲养的纯种猪平均饲养周期8～10个月，体重70～75kg，日增重300g左右。20世纪50年代前后，从国外引进波中猪、小型约克夏、巴克夏、克米洛夫等外来父本品种，杂交育肥猪饲养周期平均为6个月，体重70kg，日增重400g，料重比4∶1。70年代开始，多次重复利用以枫泾猪为母本，苏白、长白等外来品种为父本，进行杂交育肥试验。结果表明，枫泾猪是一个比较理想的母本，外来品种公猪都可获得杂种优势，其后代生活力强、耐粗料，在农村现有饲养条件下，以苏枫一代生长速度为快；在良好饲养环境加上优质饲料条件下，以约枫、长枫一代生长速度最快。80年代，进一步开展三品种杂交利用试验，结果表明，枫泾猪是一个多产、质优的母本，与长白公猪杂交，也可选留长枫一代母本作为杂交母本，然后再与杜洛克父本杂交的三品种杂交组合。

另外，根据《金山县志》的记载，新中国成立前，金山县大多饲养土种枫泾猪，也有部分"上海白猪"。枫泾猪是肥瘦适中、肉质鲜美的地方良种，中心产区在枫泾周围农村，属太湖黑猪的一个品系。枫泾猪的体型中等，头大额宽，头型有滑尖、翁头和寿字头3种，其中，寿字头最多。枫泾猪耳大而下垂，鼻盘有粉红色、灰黑色、玉色等数种，全身披黑，毛细而稀，紫红皮，背腰稍凹，胸深腹大臀宽，前肢粗壮，后肢略软，蹄黑（也有四脚白），有效乳头8～9对，丁香乳头（似盅子）的猪最受欢迎。枫泾猪吃口粗，母性温顺，产仔多，易管理，经济效益显著，江浙沪地区饲养枫泾母猪已占全部太湖猪的1/5。

20世纪50年代，金山县以枫泾猪纯繁为主。由于饲养水平低，仔猪疫病多，育成肥猪少，不能满足市场需求。1959年，开始引进"苏白"和"约克夏"良种公猪，同枫泾猪杂交。

20世纪60年代前期，对猪的育种和繁殖工作重视不够，苗猪供不应求，质量不高，而且以杂交母猪为主，二代之后品种就退化了。60年代中后期，健全了县、公社（现在的乡）畜牧兽医机构，开始重视母猪的良种培育工作，生产母猪的产仔数、成活率有所提高，苗猪供应有所缓和。1966年，引进长白猪，开展杂交育肥商品猪的实验。

1973年，建立县种猪场，注意加强枫泾猪的纯种繁育，建立以枫泾猪为主体的良种繁育体系，每年培育5 000头枫泾母猪，逐步淘汰杂交母猪，同时推广人工授精技术，普及面达80%。1974年，全县实现母猪地方良种化，公猪外来良种化，肉猪杂交一代化。1975年开始，县种畜场开展以枫泾猪为母本的不同杂交组合的对比实验，苏白猪与枫泾猪的杂种优势最明显。70年代末，全县生产母猪绝大部分更替为枫泾猪；公猪为苏白猪、长白猪和约克夏猪，商品猪主要是"苏枫一代"。

1979年，对县、公社种畜场进行种猪良种鉴定。规定县、公社场留种的后备猪必须是特等猪的后代，大队、生产队场和农户的母猪，应是一等猪的后代，二等猪只能作替补使用。1982年，县、公社两级的种猪群体质量明显提高。育肥性能以苏白猪为父本、枫泾猪为母本的后代最好。1985 年，引进杜洛克猪、汉普夏猪、斯格猪和大约克夏猪等 4 个瘦肉型公猪，以枫泾猪为母本，开展三元杂交，以“斯格×枫泾”培育的母猪，再与杜洛克公猪杂交的三元杂交组合后代性能最好。

二、群体数量

至 2006 年，江苏、上海共有枫泾猪公猪 17 头、母猪 3 500 余头。吴江市范围内已没有枫泾猪公猪，现存栏母猪约 300 头；苏州市苏太集团存栏母猪 30 余头、公猪 3 头；徐州市贾汪、铜山两县有母猪 826 头、公猪 2 头；泰州市姜堰区有母猪 301 头。句容市江苏农林职业技术学院 2008 年从上海金山区种猪场购入一批枫泾猪进行保护，2016 年拥有母猪 106 头、公猪 12 头。

据上海市金山区动物疫病预防控制中心 2009 年调查，在上海市金山区沙龙畜牧有限公司保种基地有枫泾猪母猪 110 头、公猪 12 头（4 个血统），在金山区的枫泾镇和朱泾镇有枫泾母猪 2 000 多头，约占金山全区 2 万头母猪的 10%。

在 20 世纪 70～80 年代，枫泾猪是当地的主要地方猪种。据《江苏省家畜家禽品种志》记载，1979 年存栏枫泾猪母猪约 5.91 万头。《中国猪品种志》记载，1980 年产区有枫泾猪约 12.48 万头。之后，由于大力推广国外瘦肉型猪，枫泾猪数量逐年减少。

第二章
枫泾猪品种特征和性能

第一节　体型外貌

枫泾猪被毛黑色，鬃毛黑色，皮肤黑色，腹部浅红色。体质结实，结构匀称。头大额宽，额部皱纹多，额部皱纹比中梅山猪少，但比小梅山猪多；耳大下垂，耳尖超过嘴筒；嘴筒长，微凹，少数有玉鼻或白蹄。背平稍凹，腹部下垂，臀部肌肉不够丰满，有效乳头8～9对。四肢粗壮，没有卧系。骨骼粗壮结实，肌肉发育适中。

体重体尺：20世纪80年代枫泾猪6月龄和成年体重体尺分别见表2-1和表2-2。6月龄公猪体重平均为（42.80±0.79）kg，体长为（91.91±0.77）cm，胸围为（81.67±0.68）cm，体高为（44.34±0.42）cm；6月龄母猪分别为（48.72±0.67）kg，（92.40±0.64）cm，（83.23±0.60）cm，（43.43±0.70）cm。

表2-1　6月龄枫泾猪的体重体尺

性别	体重（kg）	体长（cm）	胸围（cm）	体高（cm）
公	42.80±0.79	91.91±0.77	81.67±0.68	44.34±0.42
母	48.72±0.67	92.40±0.64	83.23±0.60	43.43±0.70

注：数据引自《中国太湖猪》。

统计了7头成年枫泾公猪和12头枫泾母猪，公猪平均体重为（152.75±10.3）kg，体长为（150.57±3.75）cm，胸围为（124.00±3.10）cm，体高为（75.14±2.49）cm；成年母猪分别为（125.76±1.80）kg，（143.58±

0.66）cm，（114.18±1.09）cm，（67.96±0.35）cm。

表 2-2　成年枫泾猪的体重体尺

性别	头数	体重（kg）	体长（cm）	胸围（cm）	体高（cm）
公	7	152.75±10.3	150.57±3.75	124.00±3.10	75.14±2.49
母	12	125.76±1.80	143.58±0.66	114.18±1.09	67.96±0.35

注：数据引自《中国太湖猪》。

第二节　生物学特性（含行为习性）

一、性行为

枫泾猪母猪发情征兆十分明显，通常发情母猪表现为阴户红肿、鸣叫不安、爬跨同圈猪或跳栏，以及呆立不动等。群众把枫泾猪发情行为分为三个阶段：①“唤郎”，以鸣叫、不安为主要征兆，经产母猪持续时间平均为15h；②“望郎”，以爬跨同圈猪或跳栏为主要征兆，持续时间经产母猪平均为15h，以上2个阶段实际上是发情前期；③“等郎”，其特点是以公猪爬跨或用力压背时呆立不动，表现出候配反应，经产母猪的候配反应持续期平均为34h，此时间为发情期，是配种的最好时间。此后母猪拒绝公猪爬跨，用力压背时，母猪跑动，阴户红肿渐趋消退，此时为发情后期。

二、母猪分娩行为

1. 产前征兆　据潘忠平等对枫泾猪的观察，母猪分娩前的主要征兆是衔草做窝和能挤出初乳。据对11窝猪的统计，母猪衔草做窝至胎儿出生平均间隔时间（28.1±6.17）h；接近分娩时，初乳特别多，乳房显著膨大，油光发亮。在即将分娩前母猪阵缩颤抖的出现率81.8%，从阵缩到开始分娩间隔3h左右，产前羊膜破裂的出现率90.9%，至胎儿产出的时间间隔平均为0.83h。在衔草做窝以后，排粪尿的次数也明显增多，有的仅出现排粪姿势，并不见粪尿排出。母猪的食欲也随衔草动作的出现而下降。在分娩前的短时间内，母猪表现较为安静，而且多数身体抽搐，呼吸急促，阴户呈红肿松弛状态。有些母猪分娩前征兆出现较早，接着征兆又消失，恢复正常状态，一两天后再次出现征兆，这就将近临盆，应特别注意。

2. 分娩过程　母猪在临分娩前躺下，表现较安静。在分娩刚开始时，又表现不安。有些母猪开始产仔时又起立，后期则表现安静。分娩姿势并无一定规律。在开始产仔后不久，母猪就开始放乳，并发出“哼哼”叫声。胎儿产出时有时部分胎衣包裹，应及时去掉，以免窒息死亡。初产母猪每头胎儿产出的平均间隔（6.26±0.82）min，一次分娩持续时间（69.08±9.99）min。在枫泾猪中正生（头位）占61.29%，尾位占38.71%。胎衣排出的持续时间（64.69±15.38）min。经产母猪从第一头胎儿产出到胎衣全部排出共需（199.54±21.29）min，有的母猪在胎衣排出过程中又产出胎儿。母猪分娩白天比夜间多，下午比上午多。据对66头母猪统计，上午（6：00～12：00）分娩占25.76%；下午（12：00～18：00）占40.91%；上半夜（18：00～24：00）占18.18%；下半夜（24：00～6：00）占15.15%。这样的结果对人工接产及护理工作带来很大方便。

三、日常生活行为

1. 性情　枫泾猪性情温驯，不怕人，不咬人，在栏内活动较少，不会跳圈，因此，枫泾猪舍的隔栏只要50～60cm高即可。在强迫驱赶时，非但不前进，反而往后退。利用这个特性，在赶猪进笼时，应将笼子放在猪的后面，这样更易进笼。

2. 定位性　猪有对自己所住栏圈的定位识别功能，哺乳仔猪都固定乳头吮乳，枫泾猪仔猪一般在生后3～8d内达到乳头定位哺乳，到断奶前一般不变，利用这个特性可将弱仔人为地帮助固定在前胸的乳头上，以利于仔猪生长。猪有定点排粪的习性，如猪栏宽敞、密度适中，并在自由出入运动场的情况下，猪一般在固定处休息、排粪、采食和活动。排粪区的位置一般在排粪沟的附近。30日龄仔猪在食槽附近、墙角、猪栏门口和饮水槽附近；30～60日龄仔猪多在食槽附近和猪栏门口处排粪，随着日龄增长，排粪区逐渐固定。猪所具有的定位特性，在管理上被利用来实现吃、睡、便“三定位”，以提高管理水平。

3. 适应性　枫泾猪的适应性比较强，目前世界上已有很多国家引种试养，未见有不适应当地气候条件的报道，都表现出应有的高繁殖力的特性。在国内，黑龙江哈尔滨市试养枫泾猪多年，当地冬季室外气温零下30℃时，每昼夜放猪到室外排粪尿6次，每次30～40min，都没有像长白猪那样表现鸣叫、奔走、身体发抖等怕冷现象，说明具有较好的抗寒性。

4. 群居性　各种猪群中都存在位次秩序，在合群的时候，通过咬架建立新的位次秩序，形成新的群居关系。不同猪种和同一猪种不同猪群咬架行为表现程序不同。一般仔猪断奶后并群，立即产生咬架，1h 左右达到咬架高峰，每小时咬架 5.33 次，每次咬架时间 40s 左右，并群后 30h 开始合睡在一起；咬架停止时间在并群后 72h 左右。成年母猪放入已建立位次秩序的母猪群中，会遭到原群母猪的共同攻击，在 1 周后可建立新的群居关系。已建立群居秩序的后备猪群重新混群时，同样要经过咬架过程，并在一周左右才能建立新的群居秩序。咬架影响猪的生长速度和饲料利用效率，有时产生外伤和死亡。因此，生产中应尽量避免变动猪群，保持原猪群的位次秩序，使猪群处于安静群居状态，以利生长。

第三节　生产性能

繁殖力高是枫泾猪最主要的特性之一。它表现在每胎产仔数多，哺育性能好，断奶时育成仔猪多，产仔间隔短，母猪使用年限长，一生所提供的仔猪数量多。繁殖力高与生殖器官的结构和机能有密切关系。枫泾猪的性成熟早，排卵数多，胚胎早期死亡率低，母性好，乳头数特多，泌乳力高等，都是育成仔猪多的重要原因。抗近交衰退性是枫泾猪的另一个特点，它是在长期较封闭的繁育制度下形成的。适当的近交是提高生产力的一种措施，近交系数过高时，会表现出对生长发育性状产生衰退的影响。

肉质鲜美是枫泾猪的又一个特点。枫泾猪的肌肉细嫩，肌纤维细而密，含水量较少，肌内脂肪丰富，呈大理石纹。据测定，有 6 种与口味有关的氨基酸含量都比大约克夏猪高，这些都可能是肉味鲜美的重要因素。

一、繁殖性能

（一）产仔数

据《中国太湖猪》记载，枫泾猪平均 133.6 日龄、体重 25.9kg 初次发情，120 日龄性成熟。据对 220 窝统计，窝总产仔数（15.17±0.28）头，窝产活仔数（13.13±0.25）头。

在太湖流域各地方品种中，枫泾猪的总产仔数中产活仔数仅次于二花脸猪。与国内一些地方猪种相比，产仔数要多1～2头；与国内饲养的国外猪种相比，比大约克夏猪多产仔3.30头，比长白猪多产3.38头。与国外饲养的皮特兰猪、巴克夏猪、杜洛克猪等平均产活仔数9.08头相比，多出5.52头。

据杨少峰等报道，通过222胎2～5产的生产母猪资料统计，产仔数为(17.5±0.26)头，变异系数22.6%，产活仔数(15.2±0.21)头，初生个体重(0.832±0.015)kg，断奶仔猪数(13.6±0.16)头。

产仔多是由多种因素所决定的，首先，母猪要排出足够的有效的卵子，这是高产的基础，它与雌激素的分泌有关；其次，还与适时配种有关，要了解母猪排卵的规律和卵子在输卵管中移行的情况；最后，还要减少胚胎的死亡数量，才能得到更多的活仔数。

1. 排卵数多　枫泾猪平均133.6日龄、体重25.9kg初次发情，初情期平均排卵数12个，在二花脸猪、梅山猪、枫泾猪和嘉兴黑猪4个猪种中，仅次于嘉兴黑猪；7～8月龄枫泾母猪平均排卵数为14.5个(12～20个)；成年排卵数31个，4个猪种中最高。我国其他地方猪种成年母猪平均排卵数21.58个，国外猪种平均为21.4个。

另外还发现，枫泾猪中存在1个卵泡内有多个卵母细胞的现象。在观察了9头枫泾母猪1 800个卵泡中，有1个卵母细胞的卵泡有1 745个，占总卵泡数的96.94%；2个卵母细胞41个，占2.28%；3个卵母细胞10个，占0.56%；4个卵母细胞3个，占0.17%；5个卵母细胞1个，占0.06%。所观察到的多卵卵泡现象都是在初级卵泡或次级卵泡中，成熟卵泡中未观察到多个卵母细胞。而在观察了8头长白猪的卵巢中，未见到1个卵泡内含有2个以上卵母细胞的现象。

2. 激素含量　孕酮在维持妊娠过程中起着重要的作用。王瑞祥等测定了20头枫泾母猪和7头长白母猪妊娠期间外周血清孕酮含量，在妊娠前两天到妊娠后一天，两种猪孕酮含量很低，为1ng/mL或以下；妊娠3d以后孕酮含量很快上升，枫泾猪12d出现一个小峰，峰值为20.32ng/mL，长白猪小峰出现在12d和16d，分别为26.52ng/mL和27.28ng/mL，然后稍有下降，至16～20d后回升，此后到110d左右，一直维持在较高的水平，至分娩前两天孕酮含量迅速下降；两种猪在妊娠早期，孕酮峰值出现时间均以12d为最多，枫泾猪占50%，长白猪占57%，只是枫泾猪峰值出现在6d、

9d的头数比例（15+25）%多于长白猪（0+14）%，而长白猪的峰值出现在16d的比例比枫泾猪多，说明枫泾猪出现峰值的时间早于长白猪；当孕酮水平降低至产前两天水平的2/3左右才能分娩，实测3头分娩母猪，其比例分别为57%、67%和58%；还发现妊娠56d的孕酮含量与对应天数的黄体数有显著性正相关（$df=6$、$r=0.730$），胚胎数量以及存活情况对外周血清中孕酮水平没有多大影响。

此外，孕酮对排卵数、活胚胎数、胚胎死亡率等均有显著影响。小母猪妊娠第9d孕酮水平与排卵数（8头猪的资料）呈弱相关（$r=0.02$、$P>0.05$），妊娠第28d活胎数与孕酮（11头猪的资料）呈强相关（$r=0.68$、$P<0.05$、$df=10$）。同样用放射免疫分析法，测定了20头成年母猪妊娠期间外周血清孕酮含量。在妊娠前1～2d，孕酮含量很低，为1ng/mL或以上；妊娠3d以后孕酮含量很快上升，在第12d出现小峰，为20.32ng/mL；在第100d左右一直维持在较高水平，分娩前2d孕酮含量迅速下降。由于孕酮在维持怀孕阶段的作用，3次对80头经产母猪在出现低峰前做复方孕酮补充，目的在于维持较高含量，减少胚胎早期死亡（表2-3）。

表2-3　枫泾小母猪第一至第五情期妊娠早期孕酮含量

妊娠的情期	妊娠天数（d）和孕酮含量（ng/mL）					
	−1	0	1	9	12	28
第一情期	—	0.52	0.68	—	33.51	25.26
第二情期	0.33	2.04	1.04	15.99	20.99	17.34
第三情期	0.38	1.15	1.38	24.06	21.98	22.88
第四情期	—	0.45	0.64	33.5	38.08	33.63
第五情期	0.85	0.36	0.39	10.57	19.60	16.46
平均	0.52	0.90	0.82	21.03	26.83	23.11

枫泾小母猪妊娠早期孕酮测定结果显示，各情期妊娠期的孕酮含量水平间差异不显著（$P>0.05$），而且枫泾小母猪妊娠早期孕酮水平及变化趋势，与枫泾大母猪大致相似；枫泾小母猪妊娠28d的孕酮水平与活胎数之间有显著的相关性，但有待进一步验证。

王瑞祥等研究了初情期前不同日龄的枫泾猪和长白猪母猪LHR-A_2诱导的LH水平、不同剂量的LHR-A_2对LH水平的影响。结果表明，77日龄枫泾猪、85日龄和202日龄长白猪在诱导前血清中LH含量分别为（1.70±

0.17）ng/mL、（0.74±0.10）ng/mL 和（1.40±0.14）ng/mL。枫泾猪诱导的 LH 峰值与 LHR-A_2 的剂量无关，而长白猪的峰值出现时间和峰值高低均因剂量而异，枫泾猪和长白猪诱导的 LH 峰值出现的日龄分别为 30d 和 60d，峰值分别为（5.55±0.63）ng/mL 和（16.14±2.74）ng/mL，差异极显著，枫泾猪在 30～60 日龄和 75～90 日龄时诱导的 LH 值分别低于长白猪的 60 日龄和 95 日龄的诱导值。但接近初情期时，两猪种的差异则变得不明显。可以认为，甾体激素的负反馈机制，枫泾猪和长白猪分别在 30 日龄和 60 日龄开始建立，并在初情期时达到完善。

焦淑贤等测定了枫泾猪和长白青年母猪正常发情周期内 FSH、LH、E_2、P_4 和 T 等 5 种生殖激素的含量，以母猪接受爬跨和站立不动的当天为母猪发情的 0d，从发情当天（0d）零时起，每隔 4h 采血 1 次，连续采血 24h，以后隔天采血 1 次至发情周期第 10d 止。研究结果显示，发情当天（0d）排卵前 LH 峰枫泾猪平均为（4.3±3.35）ng/mL，高于长白猪（2.45±1.45）ng/mL，发情后 0～24h 内枫泾猪 LH 平均含量为（2.03±0.74）ng/mL，稍高于长白猪的（1.80±0.24）ng/mL，差异不显著；FSH 含量在整个周期中无明显规律，枫泾猪和长白猪的 FSH 水平分别波动在（18.9±7.2）ng/mL～（54.5±20.1）ng/mL 和（20.6±4.7）ng/mL～（44.9±16.6）ng/mL；E_2 含量变化在－1、0d，E_2 含量达最高峰值，枫泾猪平均为（30.8±4.7）pg/mL、（48.3±7.3）pg/mL，长白猪平均为（40.0±5.5）pg/mL、（30.7±5）pg/mL，差异不显著，此后，枫泾猪于第 6d（24.0±9.8）pg/mL、长白猪于－2d（20.7±5.4）pg/mL 又出现小高峰，其他测定时间里 E_2 均维持在基础水平，依次波动在（6.0±0）pg/mL～（16.5±1.2）pg/mL 和（9.5±1.9）pg/mL～（16.5±2.9）pg/mL；P_4 含量在发情－1、0 和 1d，两猪种均维持基础水平 1ng/mL 以下，此后逐渐上升，枫泾猪于第 10d、长白猪于第 14d 达到峰值，分别为（13.3±2.0）ng/mL 和（30.6±4.2）ng/mL；T 含量变化在－2、－1、0 和 1、2d，在低水平上波动，枫泾猪在（31.0±4.9）pg/mL～（161.7±60.7）pg/mL，长白猪在（53.7±23.5）pg/mL～（89.3±28）pg/mL，此后逐渐上升，枫泾猪和长白猪分别于第 10d 和第 12d 达到峰值，分别为（307±23.9）pg/mL 和（294±18.6）pg/mL。两种猪的 P_4 与 E_2、T 与 E_2 呈负相关，T 与 P_4 呈显著正相关。

朱化彬等利用大鼠垂体前叶细胞单层培养系统，在体外测了枫泾猪和长白猪发情周期卵巢中抑制素的相对活性。结果表明，发情周期0d、10d卵泡液和卵巢组织对大鼠垂体细胞分泌FSH的抑制百分数，枫泾猪分别为（66.98±2.6)%（*n*=6)、(71.9±1.6)%（*n*=5)、(38.5±2.3)%（*n*=6)、(39.0±5.7)%，长白猪分别为（74.7±1.3)%（*n*=4)、（81.7±2.8)%（*n*=6)、(53.2±3.2)%、(54.1±3.5)%，同一时期的卵泡液和卵巢组织对垂体细胞分泌FSH的抑制作用，枫泾猪明显低于长白猪，枫泾猪卵巢中抑制素的相对活性低于长白猪。

3. 死胎率　胚胎死亡率是影响产仔数的一个重要原因。马惠明研究结果显示，从胎次、繁殖方式、近交程度、分娩季节等因素来分析死胎产生的原因，发现死胎随胎次升高而增加，5胎以上胎次间差异不显著。这是由于母猪年龄增大，子宫肌肉收缩能力下降，延长了产程，使胎儿在分娩过程中造成窒息死亡。在生产实践中，有必要在分娩时采取必要措施尽量缩短产程，做好接产工作，减少胎儿的死亡。

研究发现，第1胎631窝仔猪中平均死胎率为5.48%；第2胎596窝仔猪中平均死胎率为5.95%；到了第4胎死胎率达到10.58%；随着胎次的增加死胎率逐渐增加，到了第8胎及以上胎次时，死胎率达到11.53%（表2-4)。

表2-4　胎次与死胎的关系

胎次	1	2	3	4	5	6	7	8及以上
统计窝数（窝）	631	596	589	503	402	356	351	1 075
平均死胎率（%）	5.48	5.95	6.91	8.10	10.58	10.69	11.38	11.53

注：数据来源于《中国太湖猪》。

就死胎原因分析来看，纯繁的死胎率比杂交的高2.056%，可能与近交衰退和杂种优势有关；妊娠期在107～115d或116～125d时死胎率均在10%以下，但妊娠期早于或超过107～125d，其死胎率显著增加，分别为14.659%、16.997%；季节对死胎率的影响不大（表2-5)。

表2-5　某些死胎原因分析

因素		统计窝数（窝）	总产仔数（头）	产活仔数（头）	死胎数（头）	死胎率（%）
繁殖方式	纯繁	1 818	25 311	22 677	2 634	10.407
	杂交	2 672	36 785	33 713	3 072	8.351

（续）

因素		统计窝数（窝）	总产仔数（头）	产活仔数（头）	死胎数（头）	死胎率（%）
妊娠期	106d 以前	15	191	163	28	14.659
	107～115d	3 310	45 470	41 397	4 073	8.958
	116～125d	1 284	16 282	14 735	1 547	9.501
	125d 以后	27	353	293	60	16.997
季节	春季纯繁	1 018	14 390	12 882	1 508	10.479
	秋季纯繁	800	10 726	9 795	1 131	10.554
交配方式	近交	661	8 553	7 719	834	9.751
	杂交	1 191	15 534	14 126	1 408	9.064

注：数据来源于《中国太湖猪》。

4. 受胎率　枫泾母猪一次配种受胎率 85.71%，复配受胎率 71.43%，总受胎率 95.92%，第一胎分娩日龄 322.26d；枫泾初产母猪每胎产仔数 8.73 头，产活仔数 8.09 头；经产母猪每胎产仔数 12.21 头，产活仔数 11.99 头，平均初生重 1.153kg，每头母猪年分娩胎数 2.214 胎（表 2-6）。

表 2-6　不同品种母猪的繁殖表现

项目	金枫猪（枫泾×皮特兰）	长大猪（长白×大白）	长枫猪（长白×枫泾）	枫泾猪（纯种）
一次配种受胎率（%）	86.49（37）	84.31（51）	85.24（210）	85.71（70）
复配受胎率（%）	62.50（16）	66.67（3）	77.77（9）	71.43（7）
总受胎率（%）	94.93	94.72	96.72	95.92
第一胎分娩日龄（d）	377.81（134）	390.33（39）	322.44（36）	322.26（23）

（二）哺育性能

母猪的哺育性能，一般包括哺乳行为、护仔性、泌乳特性等。

1. 哺乳行为　枫泾猪性情温驯，平时管理人员或生人很易接近。母猪的躺卧动作十分小心，一般都用嘴或下腹部将仔猪推向一边，然后用前膝和腹部逐渐接近地面，慢慢卧下。这样就减少了仔猪被母猪压死的机会，降低了仔猪的死亡率。

产后 1～2d 内，仔猪可随时吃到母乳，以后只能在一定时间内吮吸。接近哺乳时间，母猪连续低声叫唤仔猪；这时仔猪从躺卧中起来，边叫边找到各自的乳头；附近母猪哺乳声也能引起母仔的哺乳行为；仔猪找到各自乳头后，先用鼻拱乳房，起按摩的刺激作用，然后母猪开始放乳；放乳持续时间，枫泾猪12.3s；母猪放乳时发出频密哼声，仔猪后腿伸开，尾部卷曲，安静时能听到吸乳声。

哺乳中，母猪每天的平均起卧次数和泌乳期间有一定关系，泌乳高峰期间，母猪每天的起卧次数明显地减少。

据邵水龙等对枫泾猪哺乳行为的观察，枫泾母猪在哺乳期间平均每天起卧11.91次，一次起卧需时10.85min，这说明母猪的活动是十分小心的，每次躺下都让小猪有充分的时间可以躲开，避免被压到（表2-7）。

表2-7　哺乳母猪的每天起卧次数和泌乳量

哺乳日龄(d)	起卧次数			一次起卧时间(min)	全天泌乳量(g)
	合计	昼	夜		
5	10.4	7.2	3.2	9.3	8 580.5
10	10.0	8.3	1.7	8.7	9 778.7
15	11.7	8.0	3.7	9.8	10 489.7
20	13.6	8.2	5.4	6.5	10 027.0
25	12.6	8.5	4.1	7.4	9 650.5
30	13.3	8.3	5.0	7.3	8 847.8
35	10.8	7.8	3.0	11.7	7 604.0
40	14.6	10.3	4.3	10.1	5 607.6
45	12.0	8.6	3.4	13.6	5 292.5
50	11.4	8.0	3.4	13.3	5 351.5
55	11.6	9.0	2.6	15.0	3 665.0
60	8.3	6.0	2.3	17.4	3 308.3
平均	11.91	8.2	3.7	10.85	

注：7：00～19：00为昼，其余时间为夜。

白天由于喂食、打扫卫生、光线、噪声等影响，母猪起卧次数多于夜间，约为7∶3。枫泾母猪在哺乳期内多数能发情，发情时心神不安，起卧次数明显增加，未发情母猪平均每天哺乳13.67次，而发情母猪每天只哺乳7.67次。

未发情母猪每天活动 7 次，活动时间为 65min；而发情母猪每天活动 23.65 次，活动时间平均为 312.67min。枫泾猪性情温驯、安静，缺乏主动性运动，多见于采食或排泄粪尿而促成的被动性活动。哺乳期每天静与动的时间比为 5∶1，每天平均睡眠和静卧时间为 1 209min，其中夜间占 57.33%。

2. 泌乳力　枫泾猪不仅产仔多，而且泌乳力高，这是衡量母猪生产性能的两个重要指标。据测定，10 头经产枫泾母猪，平均带仔 12.4 头，全期（60d）泌乳量 398.86kg，泌乳高峰日 15～30d，平均日泌乳量 6.64kg（表 2-8）。

表 2-8　枫泾猪和其他地方猪种的泌乳量

品种	测定头数	胎次	带仔数（头）	全期（60d）乳量（kg）	泌乳高峰期（日龄）	平均日泌乳量（kg）
枫泾	10	经产	12.4	398.86	15～30	6.64
梅山	5	2	12～14	505.41	15～30	8.42
二花脸	3	1	13.73	314.31	15～30	5.24
二花脸	4	经产	12.28	320.33	10～30	5.34
沙乌头	5	经产	14.0	456.006	13～18，28～33	7.6

影响母猪泌乳量的因素很多，如日粮的能量水平、胎次、带仔数、产仔季节和发情等，上述成绩都是在中等营养水平下获得的。据测定，发情母猪的泌乳量仅为不发情母猪的 47.5%～82.5%。枫泾猪的泌乳高峰出现较早，且持续时间长，泌乳量较高，这对仔猪的生长是十分重要的。

松江县畜牧兽医站测定，6 头枫泾母猪平均放奶 1 645.83 次，平均每天 27.43 次，前期多，后期少；泌乳间隔时间和泌乳次数呈负相关，次数多，间隔时短，6 头母猪共观察到 1 092 次，平均间隔时间为（51.2±28）min，泌乳前期间隔时间变异小，后期大，母猪间的差异较小，全期平均间隔时间（51.25±3.53）min，母仔分居限定 46～60min 是不科学的。其次仔猪拱、吮奶时间，随着仔猪日龄增大，拱的时间延长，吸的时间缩短。母猪产后泌乳较少，以后逐渐上升，20～30d 达到高峰；6 头母猪的泌乳高峰期分布：2 头在 16～20d，1 头在 26～30d，2 头在 21～25d，1 头在 31～35d。一般产后至泌乳高峰期出现之前的泌乳规律是逐日上升的，但有时会发现泌乳高峰出现在 21d 以后的母猪，产后 20d 时的泌乳量远低于 15d 时的，并伴随着仔猪不同程度的下痢，致使仔猪前期增重不够理想，俗称“双旬白痢”。泌乳高峰过后逐渐下降，51～60d 时下降最为剧烈。

薛吉林等对 10 头枫泾母猪的泌乳力进行了测定，结果显示，10 头母猪平均全期放奶 1 331.5 次，平均每天 22.19 次，前期 811 次，后期 520.5 次，平均间隔（68.36±5.47）min，前期间隔短，后期间隔长。拱奶时间平均为（87.59±1.32）s，前期短，后期长。吸奶时间平均为（12.29±0.50）s，前期到后期呈斜线下降。10 头母猪产后泌乳量逐渐上升，产后 1～5d 为 34.54kg；15～30d 时达到高峰，每 5d 合计泌乳量都在 47kg 以上，30d 后逐渐下降；31～35d 为 37.71kg；50d 后下降最快，每 5d 泌乳量分别为 17.05～13.19kg。

松江县畜牧兽医站观察，泌乳次数多，泌乳量高；带仔头数多，泌乳量高；哺乳期内母猪发情，泌乳量减少。试验期间，6 头母猪自哺乳 30～60d 共发情 9 次，其中 3 头母猪发情 2 次。所以，枫泾猪是今后缩短母猪繁殖周期、提高母猪利用率的一个好猪种。但是发情也会减少母猪泌乳量，产后发情时间越早，影响程度就越大，进而也影响仔猪生长。所以要缩短母猪繁殖周期，而又不影响仔猪正常生长发育，必须认真抓好仔猪早期引食工作，或采取仔猪早期断奶法，促使仔猪提早适应环境，减少母体效应的影响。

母猪哺乳姿势一般右卧较多，也偶有站立放奶的；母猪奶头乳管数以 3～5 对奶头乳管数为最多。乳头利用率，以 6 头母猪为例，6 头母猪共有有效乳头 113 只，共带仔 64 头，其中吮吸 2 只奶头仔猪 9 头，利用乳头 73 只，占全部有效乳头的 64.6%。

3. 乳汁成分、氨基酸含量　马康才等研究了枫泾猪乳汁成分。研究结果显示，第二胎初乳临产时粗蛋白为 13.31%，半天后为 9.50%，20d 时的常乳粗蛋白为 3.64%；第三胎初乳临产时粗蛋白为 15.15%，半天后为 5.82%，20d 时的常乳粗蛋白为 4.07%（表 2-9）。

乳汁中氨基酸分析结果显示，第二胎常乳中，以谷氨酸的比例最高，组氨酸和蛋氨酸较低；第三胎初乳中，各氨基酸浓度以临产时最高，随着时间推移，各氨基酸浓度均降低，但精氨酸产后 6h 和 12h 的浓度表现异常（表 2-10）。

4. 育成率　育成率是衡量母猪哺乳性能的一个指标。它受众多因素的影响，特别是饲养管理水平的影响最大，断奶日龄、带仔数等对育成率都有重要影响。

表 2-9　枫泾猪乳汁一般成分（%）

胎次	猪乳	采奶时间	水分	粗蛋白	粗脂肪	粗灰分	钙	磷	乳糖	能值（cal* /g）
第二胎	初乳	临产时	75.24	13.31	8.19	0.58	0.03	0.09	2.68	1 687
		数小时	79.31	10.59	6.34	0.64	0.04	0.09	3.12	1 118
		半天	84.78	9.50	3.06	0.76	0.03	0.06	1.90	908
	常乳	20d	86.43	3.64	3.81	0.73	0.18	0.12	5.79	834
		40d	84.25	4.63	4.80	0.89	0.22	0.15	5.25	956
第三胎	初乳	临产时	74.25	15.15	4.83	0.58	0.08	0.08	3.13	1 579
		6h	74.48	9.79	10.83	0.59	0.09	0.07	3.16	1 780
		12h	81.71	5.82	6.70	0.63	0.10	0.09	3.91	1 271
	常乳	20d	83.68	4.07	5.09	0.53	0.16	0.09	5.44	1 018
		40d	84.37	4.47	4.46	0.78	0.23	0.15	5.62	937

* cal 为非法定计量单位，1cal=4.184J。

表 2-10　枫泾猪乳汁氨基酸分析（%）

胎次	猪乳	采乳时间	赖氨酸	组氨酸	精氨酸	天冬氨酸	苏氨酸	丝氨酸	谷氨酸
第二胎	常乳	20d	0.26	0.06	0.14	0.23	0.10	0.15	0.60
		40d	0.36	0.04	0.21	0.31	0.14	0.21	0.75
第三胎	初乳	临产	1.20	0.46	0.75	1.02	0.87	0.78	1.97
		6h	0.71	0.29	0.16	0.45	0.43	0.44	1.12
		12h	0.47	0.18	0.23	0.58	0.27	0.26	0.75
	常乳	20d	0.30	0.11	0.15	0.24	0.12	0.15	0.66
		40d	0.32	0.12	0.16	0.28	0.14	0.16	0.43
脯氨酸	甘氨酸	半胱氨酸	缬氨酸	蛋氨酸	异亮氨酸	亮氨酸	酪氨酸	苯丙氨酸	丙氨酸
0.18	0.10	0.08	0.16	0.05	0.12	0.25	0.08	0.11	0.10
0.24	0.14	0.11	0.17	0.09	0.15	0.33	0.11	0.15	0.13
0.90	0.34	0.52	0.87	0.32	0.50	1.17	0.50	0.54	0.58
0.66	0.20	0.35	0.51	0.14	0.32	0.80	0.33	0.37	0.31
0.43	0.15	0.17	0.30	0.10	0.21	0.51	0.18	0.22	0.20
0.33	0.11	0.09	0.16	0.08	0.14	0.32	0.10	0.12	0.12
0.35	0.11	0.10	0.17	0.08	0.15	0.34	0.11	0.15	0.13

据曹建国等研究报道：枫泾母猪21日龄窝重（42.13±9.14）kg（4窝），每胎断奶头数10.25头（4窝），断奶日龄38.98d（4窝），断奶窝重64kg，断奶平均头重6.24kg（表2-11）。

表2-11　枫泾猪和其他品种猪的繁殖性能

项目	枫泾猪	金枫猪	长大猪	长枫猪
初产总产仔数（头）	8.73（11）	10.68（272）	9.57（46）	9.30（23）
初产活仔数（头）	8.09	10.19	9.24	9.17
二胎总产仔数（头）	9.81（16）	11.87（237）	9.22（27）	10.52（84）
二胎产活仔数（头）	9.63	11.37	8.85	10.35
经产总产仔数（头）	12.21（222）	12.40（78）	—	12.47（445）
经产活仔数（头）	11.99	11.87	—	12.12
平均初生重（kg）	1.153（133）	1.202（310）	1.295（74）	1.179（144）
年产窝数	2.214（93）	2.138（246）	2.000（45）	2.077（251）

注：括号内数字为窝数。

二、育肥性能

胡承桂等选择了48头枫泾仔猪用作育肥性能和胴体品质的测定，试验期间饲养管理条件基本稳定，精青饲料比1∶（2～3），日喂湿料4次，育肥期为180d，体重75kg。48头枫泾猪从平均体重（14.29±0.91）kg开始，饲养180d，末重（75.12±2.47）kg，总增重（60.83±2.16）kg，日增重（337.94±5.86）g。24头枫泾猪从平均体重（12.36±0.74）kg开始，饲养120d，末重（59.17±2.93）kg，总增重（46.81±2.48）kg，日增重（390.08±10.10）g（表2-12）。

表2-12　枫泾猪育肥性能结果

育肥天数（d）	供测头数（头）	始重				末重			
		平均数	S	CV	标准误	平均数	S	CV	标准误
120	24	12.36	3.64	14.75	0.74	59.17	14.36	12.13	2.93
180	48	14.29	6.33	22.14	0.91	75.12	17.12	11.40	2.47

总增重				平均日增重			
平均数	S	CV	标准误	平均数	S	CV	标准误
46.81	12.16	12.99	2.48	390.08	51.00	13.01	10.10
60.83	14.94	12.28	2.16	337.94	40.62	12.24	5.86

48头猪宰前活重（71.98±2.98）kg，屠宰率（65.8±0.60）%，胴体重（46.57±2.01）kg，6～7肋背膘厚（24.1±1.2）mm，皮厚（5.6±0.2）mm。测量22头猪的肋骨数14对，瘦肉率（39.79±0.93）%，脂率（26.65±1.06）%（表2-13）。

表2-13　枫泾猪胴体品质结果

性状	头数	胴体表型值			
		均数	标准差	变异系数	标准误
宰前活重（kg）	48	71.98	20.66	14.56	2.98
胴体重（kg）	48	46.57	13.91	14.93	2.01
屠宰率（%）	48	65.80	4.12	6.26	0.60
背膘厚（cm）	48	2.41	0.80	33.34	0.12
皮厚（cm）	48	0.56	0.13	23.59	0.02
眼肌面积（cm^2）	22	20.15	4.95	24.56	1.06
左侧后腿重（kg）	22	6.49	1.69	13.02	0.36
后腿比例（%）	22	28.63	2.86	9.98	0.61
胴体瘦肉率（%）	22	39.79	4.35	10.92	0.93
胴体脂肪率（%）	22	26.65	4.96	18.61	1.06
胴体长（cm）	48	83.78	10.93	13.05	1.58
肋骨数（对）	48	14.00			

第四节　遗传特性

一、主要数量性状的遗传

1. 主要经济性状的遗传力（h^2）　据张文灿等研究，太湖流域各地方猪主要性状遗传力的估计值均在国内外报道的范围内，繁殖性能与国外报道相近，低于国内报道，生长发育性状则高于国外报道的均数。其中，6月龄个体重h^2为0.35；8月龄个体重h^2为0.31，8月龄日增重h^2为0.42，都超过国外平均数，说明这些性状有较大的遗传潜力（表2-14）。

胡承桂等对枫泾猪生长发育性状、育肥性能及胴体品质性状等遗传参数进行了大量的研究，结果见表2-15至表2-19。枫泾猪育肥性能及胴体品质性状中，屠宰率h^2为0.190，眼肌面积h^2为0.394，胴体瘦肉率h^2为0.336，其他性状的遗传力均超过0.5；与国内其他品种相比，枫泾猪180日龄增重、背膘厚和胴体长等性状的遗传力略低，其他性状均高于国内其他品种；与国外品

表 2-14　枫泾猪等地方猪种主要经济性状的遗传力

项目	二花脸猪	枫泾猪	梅山猪	嘉兴黑猪	品种平均	国外文献		国内文献	
						范围	平均	范围	平均
总产仔数	0.078±0.10	0.075±0.08	0.16±0.21	0.07±0.08	0.09	−0.17～0.59	0.10	0.05～0.23	0.17
产活仔数	0.11±0.05*	0.11±0.12	0.22±0.25	0.13±0.12	0.14	−0.17～0.59	0.10	0.10～0.38	0.18
初生窝重	0.10±0.06	0.19±0.23	0.25±0.25	0.25±0.24	0.18	0.12～0.36	0.22	0.07～0.37	0.15
断奶头数	0.13±0.12	0.08±0.11	0.19±0.21	0.14±0.16	0.15	−0.09～0.32	0.13	0.06～0.26	0.15
断奶窝重	0.15±0.11	0.16±0.13	0.11±0.16	0.32±0.16*	0.18	−0.07～0.37	0.17	0.06～0.21	0.14
初生个体重	0.30±0.32	0.08±0.12	0.40±0.12**	0.18±0.12	0.24	0.02～0.37	0.21	0.17～0.56	0.30
断奶个体重	0.28±0.26	0.23±0.20	0.39±0.23	0.23±0.15	0.28	0.02～0.33	0.20	0.12～0.43	0.22
6 月龄个体重	0.42±0.27	0.33±0.28	0.39±0.26	0.24±0.18	0.35	0.07～0.72	0.30	0.17～0.32	0.27
8 月龄个体重	0.26±0.24	0.20±0.24	0.40±0.20	0.24±0.28	0.31	—	—	—	—
日增重	0.22±0.21	0.26±0.23	0.56±0.45	0.58±0.28*	0.42	0.04～1.11	0.36	—	—
8 月龄体长	0.64±0.31*	0.40±0.41	—	0.65±0.32	0.51	—	—	—	—
8 月龄胸围	0.63±0.31*	0.20±0.23	—	0.24±0.24	0.34	0.40～0.81	0.59	—	—
8 月龄体高	0.42±0.39	0.65±0.30	—	0.72±0.35*	0.64	—	—	—	—
乳头数	—	0.31±0.20	0.56±0.21**	0.38±0.17 *	0.41	0.51～0.75	0.65	0.08～0.35	0.13

注：* 为差异显著；** 为差异极显著。下同。

表 2-15 枫泾猪育肥性能及胴体品质性状的遗传力

性状	头数	遗传力	测定方法	国内品种			国外品种		
				遗传力	测定方法	资料来源	遗传力	测定方法	资料来源
120 日龄增重	24	0.598	全同胞						
180 日龄增重	47	0.576	全同胞	0.625	全同胞	贵州关岭猪	0.420	同胞	德国地方猪
宰前体重	46	0.800	全同胞	0.734	全同胞	贵州关岭猪	0.620 0.340	母女 同胞	波中猪
胴体重	46	0.548	全同胞	0.498	全同胞	贵州关岭猪			
屠宰率	47	0.190	全同胞				0.310～0.480	同胞	大约克
背膘厚	48	0.818	全同胞	0.926	全同胞	贵州关岭猪	0.736 0.550	同胞	大约克 波中猪
皮厚	48	0.516	半同胞	0.340	全同胞	贵州关岭猪			
眼肌面积	22	0.394	选择反应选择差	0.381		贵州关岭猪	0.420 0.553	同胞 母女	大约克 德国地方猪
胴体长	48	0.658	全同胞	0.760	半同胞	贵州关岭猪	0.590 0.620	同胞	德国地方猪 大约克
后腿比例	22	0.628	半同胞	0.270	全同胞	贵州关岭猪	0.580		平均值
胴体瘦肉率	22	0.336	半同胞				0.310		平均值

种相比，枫泾猪的屠宰率和眼肌面积等性状的遗传力略低，其他性状的遗传力均高（表 2-15）。6 月龄体重、体长、胸围、体高、胸深和管围的遗传力分别为 0.28、0.25、0.37、0.40、0.416、0.42（表 2-16）。

表 2-16 枫泾猪 6 月龄各生长发育性状的遗传力（半同胞测定）

性状	头数	遗传力
体重	224	0.28
体长	212	0.25
胸围	212	0.37
体高	212	0.40
胸深	212	0.416
管围	212	0.42

2. 繁殖性状、生长发育性状间的相关分析　枫泾猪繁殖性状和生长发育性状间的相关分析结果如表 2-17 所示。遗传相关中，产活仔数和初生重、断奶头数和断奶重、乳头数和初生重等存在负相关，其他均为正相关；表型相关和环境相关中，只有产活仔数和初生重间存在负相关，其他存在正相关；另外，在所有性状间表型相关中，只有乳头数和初生重、4 月龄体重与 8 月龄体重间差异不显著，其他性状间差异显著或极显著。枫泾猪 6 月龄各体重体尺性状间相关系数见表 2-18，各性状间遗传相关系数均超过 0.6，表型相关系数均超过 0.5。

表 2-17 遗传（r_A）、表型（r_P）与环境（r_E）相关系数

性 状	相关种类		
	r_A	r_P	r_E
产活仔数与总产仔数	0.58	0.75**	0.78
产活仔数与初生窝重	0.48	0.72**	0.78
产活仔数与断奶窝重	0.20	0.21*	0.21
产活仔数与断奶头数	0.78	0.68**	0.66
产活仔数与初生重	−0.57	−0.57**	−0.51
初生重与初生窝重	0.48	0.31**	0.26
初生重与断奶重	0.80	0.50**	0.40
断奶头数与断奶窝重	1.23	0.54**	0.43
断奶头数与初生窝重	1.02	0.71**	0.73
断奶头数与断奶重	−0.51	0.20*	0.40

（续）

性 状	相关种类		
	r_A	r_P	r_E
乳头数与初生重	−0.99	0.03	0.16
断奶重与断奶窝重	0.54	0.48**	0.46
断奶重与4月龄体重	1.034	0.68**	0.57
断奶重与6月龄体重	0.56	0.64**	0.70
断奶重与8月龄体重	0.62	0.52**	0.48
4月龄体重与6月龄体重	0.52	0.67**	0.78
4月龄体重与8月龄体重	0.30	0.17	0.11
8月龄体长与8月龄体重	0.49	0.59**	0.68
8月龄体长与8月龄体高	0.15	0.32**	0.85
8月龄体长与8月龄胸围	0.51	0.47**	0.59
8月龄体重与8月龄体高	0.40	0.60**	1.03
8月龄体重与8月龄胸围	0.91	0.68**	0.55
8月龄体高与8月龄胸围	0.74	0.51**	0.38

表 2-18　枫泾猪6月龄各性状间的相关系数

性状	相关种类	
	r_A	r_P
体重与体长	0.787	0.746
体重与胸围	0.814	0.802
体重与体高	0.719	0.660
体重与胸深	0.920	0.844
体重与管围	0.867	0.797
体长与胸围	0.916	0.796
体长与体高	0.714	0.631
体长与管围	0.853	0.730
胸围与体高	0.646	0.555

枫泾猪育肥性能及胴体品质性状的遗传相关结果见表2-19。在测定的所有性状中，背膘厚与眼肌面积、背膘厚与胴体长、背膘厚与后腿比例呈负遗传相关，其他均为正遗传相关；表型相关中，背膘厚与胴体长、背膘厚与后腿比

例呈现负相关，其他为正相关。

表 2-19 枫泾猪育肥性能及胴体品质性状的遗传相关（半同胞测定）

性状	头数	r_A	r_P
背膘厚与日增重（180d）	48	0.317	0.874
背膘厚与眼肌面积	22	−0.816	0.180
背膘厚与屠宰率	48	0.335	0.239
背膘厚与胴体长	48	−0.344	−0.480
背膘厚与后腿比例	22	−0.363	−0.291
眼肌面积与屠宰率	22	0.453	0.229
胴体长与日增重（180d）	48	0.005	0.056
胴体瘦肉率与后腿比例	21	0.717	0.339

3. 繁殖性状与生长发育性状间的遗传、环境、表型相关分析 繁殖性状与生长发育性状间的相关结果见表 2-20。所有性状中，8 月龄体重与断奶头数、日增重与产活仔数、日增重与断奶头数、有效乳头与断奶窝重、3 岁体高与产活仔数、3 岁体高与初生窝重、3 岁体高与断奶头数、3 岁胸围与产活仔数等呈现负遗传相关，其他为正遗传相关；表型相关中，有效乳头与产活仔数、3 岁体长与断奶头数为正相关，且差异显著或极显著。

表 2-20 繁殖性状与生长发育性状间的相关系数

性状	相关种类		
	r_A	r_P	r_E
8 月龄体重与总产仔数	0.13	0.10	0.14
8 月龄体重与产活仔数	0.21	0.18	0.17
8 月龄体重与初生窝重	0.22	0.05	0.03
8 月龄体重与断奶头数	−0.54	0.08	−0.13
日增重与产活仔数	−0.17	−0.04	0.3
日增重与初生窝重	0.75	−0.26	1.37
日增重与断奶头数	−0.2	0.14	−0.73
有效乳头与产活仔数	0.56	0.22**	0.15
有效乳头与初生窝重	0.14	0.15	0.21
有效乳头与断奶头数	0.85	−0.12	−1.07

（续）

性状	相关种类		
	r_A	r_P	r_E
有效乳头与断奶窝重	−0.2	−0.26	−0.32
3岁体长与产活仔数	0.6	0.02	−0.91
3岁体长与初生窝重	0.17	0.17	−0.22
3岁体长与断奶头数	0.06	0.26**	0.82
3岁体高与产活仔数	−0.17	−0.00	0.11
3岁体高与初生窝重	−0.15	−0.10	−0.09
3岁体高与断奶头数	−0.64	−0.18	0.07
3岁胸围与产活仔数	−0.36	0.01	0.09
3岁胸围与初生窝重	0.51	0.02	−0.17
3岁胸围与断奶头数	0.47	0.01	0.01

二、乳头的遗传

1. 乳头数目　枫泾猪乳头分布规律有集中性和分散性的表现。所谓集中性，是指品种内各个体的乳头数都有向群体平均数（品种平均）回归的现象，乳头数多的公母猪相配，其后代乳头数不会无限增多；乳头数少的公母猪相配，其后代乳头数也不会减少。所谓分散性，是指每窝仔猪的乳头数不会完全相同，总是有些个体多，有的个体少几个，只要每窝有正常的产仔数，其乳头数的类型至少在2个以上。

枫泾猪平均乳头数为17.63个（14～22个），以16～19个乳头数最多，占86.92%；14～15、20～22个乳头的个体占13.08%。

据杨少峰等报道，据4 195头猪的资料分析，枫泾猪乳头数平均为(17.33±0.02)个，乳头数与产仔数的相关系数为0.18～0.20；根据23窝232头仔猪的观察结果，其瞎乳头呈一对相对性状分离比3∶1的简单隐性遗传模式，为不完全外显现象，对排除有害基因带来困难，最好从遗传上同质的正常窝型内选留后备种猪。

2. 乳头的形状　根据乳头直径的大小可分为两类，第一类是直径约为1.3cm以下，乳头比较细，有利于仔猪吸吮，群众最欢迎，俗称“丁香乳头”。据对枫泾猪的研究表明，细乳头不仅有利于猪的吸吮，而且泌乳量也比较多，在同等营养水平下，同样的带仔数，具有细乳头的母猪，平均每头在60d的哺乳期中，其泌乳量要较粗乳头母猪高出40kg。第二类是直径在1.4cm以上，又称粗乳头，因为乳头较粗，不利于仔猪吸吮，群众不欢迎。据对枫泾猪的研究，20日龄仔猪平均头重，粗乳头母猪所带仔猪比细乳头母猪少0.22kg。乳头形状影响实际泌乳量，这是由于乳腺结构和机能上差异造成的，还是由于吸吮的方便与否所造成的，尚有待进一步研究。

此外，在枫泾猪中尚有少数发育不健全的乳头，又称副乳头。在母猪呈两侧分布，远离最后1对正常乳头，一般有1～2对，母猪性成熟后也不发育，属无效乳头，仔猪在记录乳头数时也不计算在内。公猪的副乳头一般在两后腿间的腹线上，两个乳头常在一起，故又称为连乳头，乳头基部合在一起，末端分叉。也有少数母猪，副乳头夹在常乳头中间，并不发育，形状较小。

3. 瞎乳头的遗传规律和排除方法　瞎乳头是乳头凹陷，乳导管被堵塞的乳头，哺乳时乳汁导不出，失去泌乳功能，属无效乳头，影响仔猪哺育，降低生产效率，是养猪生产的一害。瞎乳头在枫泾猪中有一定程度存在；20世纪70年代时，由于不注意选择，曾在母猪群中蔓延，造成了一定的损失。

据陈幼春等对枫泾猪瞎乳头遗传规律的研究表明，瞎乳头是由1对等位基因所控制，呈现3∶1显隐性遗传规律，与大白猪等国外猪种的遗传规律一样。瞎乳头数目与性别的关系，据对44头仔猪的统计，平均瞎乳头数3.82个。其中，公仔17头，平均瞎乳头数3.18个；母仔27头，平均瞎乳头数4.22个。经显著性检验，差异不显著，可以认为瞎乳头多少与性别无关。在个体发育过程中，瞎乳头表现为一种不完全的外显遗传现象，个别母猪在选留检查时是正常的个体，但产仔后出现了瞎乳头，这就增加排除这种遗传疾患的难度，不完全外显可能是多基因效应。

排除瞎乳头最好的方法是进行测交。在出现率很高的猪群中，全面测交会有困难，可采取严格淘汰的方法，淘汰要以窝为单位，有瞎乳头仔猪的窝全部仔猪都不得留种；特别对公猪选择应更严格，应用系谱，在未出现瞎乳头的血统中选择好公猪。母猪选留量大，在不得已时，可在出现瞎乳头的窝中选择瞎乳头表现的个体留种，因为它是一个杂合体，必须经过测交，证明它不带有瞎乳头基因后才能种用；也可用具有瞎乳头的母猪来测交未知公猪。由于枫泾猪性成熟早，公猪一般3月龄即有受胎能力，因此可以提早进行测交。以往未作瞎乳头记录的猪场，可在测交的基础上建立乳头的登记制度；仔猪断奶阶段作一次普查，在配种、分娩后作一次复查，完善登记制度。

三、近交效应

近交衰退是众所周知的事实，近交可以使猪的繁殖力、适应性和生活力降低，还能使后代的畸形、怪胎增多。然而，枫泾猪却不尽然，因为它具有抗近交衰退的特性，一定程度的近交不但不会出现“衰退”现象，而且还能提高生产能力，适当的近交是一项“增产”的措施。性状不同，对近交效应的反应也不一样。

据杨少峰等报道，在一个100头左右生产母猪的场内，只有1条主配公猪血统的条件下，近交系数25%时，产仔数比非近交减少了15.33%，产活仔数减少了11.92%，初生重增加了7.6%。断奶成活数减少了12.45%，由于高度近交，产生了繁殖力衰退，仔猪生活力下降，当近交系数低于12.5%时，与非近交的产仔数、产活仔数等差异均不显著。

邵水龙等研究了枫泾猪的亲缘程度与繁殖性能的同质性。结果表明，以亲缘程度作为一个试验因子，并没有发现70头母猪个体间亲缘系数提高，而使它们产仔数、产活仔数、初生窝重的差异缩小；而育成头数、断奶窝重、断奶个体重3个性状个体间之差的绝对值，在亲缘程度间的差异达到了极显著水平；断奶部分组间性状之差平均数经多重比较，3个性状，每个性状按个体间亲缘程度分为4组，共18对。其中，有11对达到极显著水平（育成数5对、断奶窝重和个体重各3对）；有4对达到显著水平（育成数1对、断奶窝重2对、断奶个体重1对）；有3对组间差异不显著（断奶窝重1对、断奶个体重2对）。

四、核型与生化遗传

染色体数目和形态结构具有种的特性。种的分化和新种的形成与染色体的进化密切相关。因此对染色体的研究和比较，对于探讨种群的变异和进化有重要意义。早在1931年，就报道了猪的染色体研究，确认猪的染色体为38条。1976年，第一届国际家畜分带核型标准化会议上制定了猪染色体核型标准，统一了对单一染色体的描述和鉴定。

在遗传特性的研究中，染色体研究是重要内容之一，对猪种的开发、利用和保存都有重要意义。

孟安明等（1995）研究了枫泾猪、香猪和长白猪的DNA指纹图谱，结果表明，各品种的平均DNA指纹图相似系数在0.440～0.532的范围内，极显著地高于品种间的相似系数（0.223～0.307），各品种的DNA指纹图中还存在一些品种特异性图带（表2-21至表2-23）。

表2-21 不同猪品种的DNA指纹图的变异程度

品种	参数	探针		
		33.15	33.6	3′HVR
枫泾猪	*N*	17	10	5
	X±sem（*n*）	0.476±0.017（136）	0.473±0.062（20）	0.532±0.060（10）
	q	0.276	0.274	0.316
香猪	*N*	17	10	5
	X±sem（*n*）	0.483±0.015（136）	0.440±0.052（20）	0.487±0.057（10）
	q	0.281	0.252	0.284
长白猪	*N*	15	10	5
	X±sem（*n*）	0.503±0.022	0.481±0.058	0.500±0.078
	q	0.295	0.280	0.293

表2-22 不同品种之间DNA指纹图的相似系数

品种	探针		
	33.15（36）	33.6（25）	3′HVR（25）
枫泾猪/香猪	0.263±0.026	0.246±0.032	0.307±0.038
枫泾猪/长白猪	0.264±0.026	0.284±0.027	0.268±0.035
长白猪/香猪	0.223±0.029	0.267±0.023	0.248±0.031

表2-23 各品种的特异性带数及在不同探针下所占的百分比

品种	33.15			33.6			3′HVR		
	T	*S*	%	*T*	*S*	%	*T*	*S*	%
枫泾猪	46	9	15.9	52	14	26.9	27	11	40.7
香猪	49	13	36.2	46	11	23.9	24	7	29.2
长白猪	45	10	22.2	45	9	20.0	27	11	40.7

陈琳等（1990）研究了枫泾猪G带、C带及银染核仁组织区（NOR），做了染色体的相对长度、臂比、着丝点指数的测量，与丹麦长白猪的各种测量数据都很接近。将枫泾猪的染色体分为4组，每组内按染色体的相对长度逐次递减排列：A组，Sm（1.7～3.0）由第1～5号染色体组成；B组，St（3.0～

7.0）由第6、7号染色体组成；C组，m（1.0～1.7）由第8～12号染色体及X、Y性染色体组成，其中，X染色体的形态与第9号染色体相似，Y染色体是一小的中着丝点染色体，10号染色体在短臂近着丝点处有明显的次缢痕；D组，t（7.0～）由第13～18号染色体组成（表2-24）。

陈琳等绘制了枫泾猪中期G带和C带的染色体模式图，G带共56个区，305条明暗相间的带纹；C带中发现近端着丝点第13～18号染色体、Y染色体以及第1号染色体的C带染色较深，Y染色体长臂C分带最显著，几乎占据整个长臂，C带的多态现象，不仅表现在组与组之间的染色体上，也表现在组内染色体之间，尤其是第13～18号染色体，它们的C带着色深浅不同，大小各异。

表2-24 枫泾猪、丹麦长白猪染色体相对长度、臂比、着丝点指数

染色体	相对长度（%）		臂比		着丝点指数	
	枫泾猪	丹麦长白猪	枫泾猪	丹麦长白猪	枫泾猪	丹麦长白猪
1	11.41±0.77	11.71±0.91	2.14±0.35	2.17±0.21	32.27±3.51	31.66±1.98
2	6.23±0.53	6.29±0.26	1.97±0.24	1.90±0.22	33.85±2.78	34.63±2.56
3	5.59±0.40	5.34±0.33	1.76±0.15	1.83±0.29	36.33±1.92	35.81±3.48
4	5.17±0.20	5.21±0.58	1.94±0.27	1.82±0.23	34.29±3.07	35.65±3.37
5	4.27±0.22	4.33±0.15	1.47±0.24	1.37±0.19	40.67±3.70	42.39±3.48
6	6.88±0.48	7.19±0.39	3.59±0.62	3.35±0.69	22.21±2.85	23.53±3.72
7	5.26±0.30	5.29±0.37	3.19±0.62	3.26±0.63	24.29±3.62	23.77±3.26
8	5.61±0.10	5.34±0.56	1.52±0.31	1.40±0.20	40.23±4.49	41.89±3.39
9	5.26±0.41	5.52±0.68	1.21±0.13	1.28±0.10	45.29±2.61	43.92±2.06
10	3.61±0.54	3.23±0.29	1.24±0.23	1.56±0.18	45.23±4.43	39.42±1.86
11	3.06±0.19	3.13±0.25	1.14±0.10	1.13±0.12	46.69±2.09	46.92±2.72
12	2.59±0.25	2.82±0.21	1.09±0.09	1.13±0.20	47.88±2.02	47.13±4.22
13	6.71±0.52	8.82±0.47				
14	6.26±0.42	6.56±0.32				
15	5.93±0.43	5.80±0.36				
16	3.75±0.30	3.54±0.29				
17	2.86±0.13	2.64±0.23				
18	2.47±0.14	2.23±0.21				

（续）

染色体	相对长度（%）		臂比		着丝点指数	
	枫泾猪	丹麦长白猪	枫泾猪	丹麦长白猪	枫泾猪	丹麦长白猪
X	5.07±0.32	4.96±0.52	1.38±0.17	1.42±0.22	42.14±3.00	41.61±3.74
Y	1.62±0.26	1.79±0.39	1.46±0.29	1.31±0.21	40.89±3.45	43.10±4.14

核仁组织区是染色体上 18S＋28SrRNA 基因所在位置，具有可银染性，反映了 rRNA 基因的活性。在常规 Giemsa 染色的标本中，8 号和 10 号染色体短臂近着丝点处有一染区，称为次缢痕。在用 $AgNO_3$ 染色的标本中，8 号和 10 号染色体次缢痕处有银染颗粒，这就是 Ag-NORs，称银染核仁组成区，次缢痕与 Ag-NORs 有平行关系。银染颗粒是一种与 rRNA 基因转录相联系的酸性蛋白，银染可间接地反映 rRNA 基因活动的强弱。众所周知，有丝分裂中的间期 DNA 合成旺盛，基因活性强，核仁转录 rRNA，此时银染颗粒大、着色深，进入分裂期，NOR 失去活性，因而分裂期 NORs 处银染颗粒减少。有丝分裂过程中，银染大小和强弱的变化反映了 rRNA 基因活性在各期的差异，它们具有一致的关系。在核型进化的研究工作中，Ag-NORs 数目和分布是一项重要的指标。Mikelsaaram 和 Verma（1987）通过对印度人群、维也纳-乌尔木正常人群和爱沙尼亚东南部正常人群的 Ag-NORs 的研究证明，Ag-NORs 阳性分布在种族与种族之间有明显差异。王子淑（1982）对家猪 Ag-NORs 研究发现，家猪品种间 Ag-NORs 具有多态性，中国家猪 Ag-NORs 数/细胞趋近于 4；欧洲家猪 Ag-NORs 数/细胞趋近于 2。许多研究证明：Ag-NORs 可以反映 rRNA 基因的活性，具有稳定的遗传性，是研究种内亚群间亲缘关系的一个理想的细胞遗传学指标，并已用于进化遗传学、肿瘤遗传学及育种学的研究。借助 Ag-NORs 在不同品种或类群间的分布，来研究家猪的起源与进化、亲缘关系、杂交育种中各亲本的掺入程度及品种分类都具有一定的现实意义。为探清我国地方猪种 Ag-NORs 的数目及分布，查明品种间或品种内类群间亲缘关系，我国不少单位在进行这方面的研究工作，特别是在太湖猪的各类群间进行了较深入的研究，为我国猪种资源的调查、品种分类、“同名异种”的归并和杂交利用等提供基础材料和科学依据。

陈琳等观察了 100 个枫泾猪和长白猪细胞，枫泾猪 Ag-NOR 数/细胞变化范围2～4 个，而长白猪的就只有 2 个，枫泾猪第 10 号染色体上显示出大而明显的 Ag-NOR，第 8 号染色体上 Ag-NOR 则染色略浅。

枫泾猪等地方猪每细胞大多有 3～4 个 Ag-NORs，枫泾猪平均有 Ag-NORs 3.66 个，二花脸猪有 3.67 个，嘉兴黑猪有 3.59 个，而大约克猪有 2.15 个，长白猪有 2.01 个；绝大多数都在第 10 号染色体上，结果如表 2-25 所示。中国猪与欧洲猪在 Ag-NORs 的差异，反映了 rRNA 基因活性的不同，它从 DNA 分子水平上揭示了品种间的差异。Mayr 对欧洲野猪研究发现，大多数（85%～95%）中期分裂象具有 2 个 Ag-NORs 位于第 10 号染色体上，与上述大约克猪和长白猪的银染数是一致的，发生的位置也相同，证明了它们是由欧洲野猪驯化而来。枫泾猪等地方品种属于亚洲野猪，中期分裂象以 3～4 个 Ag-NORs 为主。Bosma 对一种亚洲野猪（喜马拉雅野猪）研究发现染色体 10 号显示 2 个次缢痕，大多数细胞 8 号染色体显示 1 个或 2 个清晰的次缢痕。亚洲野猪以 3～4 个次缢痕为主，而次缢痕相当于 Ag-NORs，说明亚洲家猪起源于亚洲野猪，也证明了枫泾猪起源于亚洲野猪。

表 2-25 家猪个体 Ag-NORs 数/细胞

品种	头数	个体 Ag-NORs 数/细胞	均数
枫泾猪	9	3.65、3.56、3.64、3.60、3.64、3.80、3.68、3.78	3.66
二花脸猪	12	3.68、3.88、3.64、3.32、3.61、3.76、3.92、3.80、3.60、3.76、3.56、3.40	3.67
嘉兴黑猪	6	3.56、3.67、3.64、3.68、3.60、3.35	3.59
梅山猪	7	3.07、3.40、3.73、3.63、3.50、3.60、3.57	3.50
姜曲海猪	8	2.80、2.90、3.44、3.51、3.56、3.24、3.53、2.86	3.23

品种内个体间银染数也有一定差异。为了比较个体间差异与品种间差异的大小，进行了单因子方差分析，以组内均方代表个体间的差异，以组间均方代表品种间的差异，差异极显著，说明家猪品种间 Ag-NORs 的差异并非抽样误差引起的（表 2-26）。

表 2-26 品种间 Ag-NORs 多重比较

品种	均数	X-3.23	X-3.50	X-3.59	X-3.67
二花脸猪	3.67	0.44**	0.17	0.08	0.01
枫泾猪	3.66	0.43**	0.16	0.07	
嘉兴黑猪	3.59	0.36**	0.09		

（续）

品种	均数	X-3.23	X-3.50	X-3.59	X-3.67
梅山猪	3.50	0.27**			
姜曲海猪	3.23				

遗传距离是把各品种 Ag-NORs 的数目和分布频率代入 Nei 的遗传距离公式得到的。可以看出，枫泾猪等太湖流域的品种间遗传距离为 0.002 518～0.033 23，其中，以枫泾猪与嘉兴黑猪的遗传距离最小，而与姜曲海猪的相差较大，遗传距离为 0.046 31～0.157 3，与国外品种相差最大。通过聚类分析发现，枫泾猪和嘉兴黑猪首先聚为一类；然后与二花脸猪、梅山猪聚类；再与姜曲海猪、大约克猪、长白猪聚类。枫泾猪、嘉兴黑猪、二花脸猪和梅山猪首先聚在一起。若以 D=0.007 1 作为分类界限，则上述 4 个品种聚成Ⅰ类，姜曲海猪、大约克猪、长白猪依次单独聚成Ⅱ类、Ⅲ类和Ⅳ类，结果见表 2-27、表 2-28。

表 2-27　品种间遗传距离

品种	二花脸猪	枫泾猪	嘉兴黑猪	梅山猪	姜曲海猪	大约克猪
枫泾猪	0.003					
嘉兴黑猪	0.010 10	0.002 518				
梅山猪	0.033 23	0.017 15	0.007 093			
姜曲海猪	0.157 28	0.121 07	0.091 1	0.046 31		
大约克猪	2.188 9	2.141 8	2.020 0	1.573 1	0.910 52	
长白猪	3.190 67	3.439 2	3.361 2	2.369 4	1.351 5	0.020 686

表 2-28　家猪聚类及类别间距离

类别	品种数	包含品种	类内、类间距离			
			Ⅰ	Ⅱ	Ⅲ	Ⅳ
Ⅰ	4	嘉兴黑猪、枫泾猪、梅山猪、二花脸猪	0.012 18			
Ⅱ	1	姜曲海猪	0.103 94	0		
Ⅲ	1	大约克猪	1.980 94	0.910 52	0	
Ⅳ	1	长白猪	3.090 11	1.351 50	0.020 686	0

第三章
枫泾猪品种保护

动物品种保护是保护家畜多样性的重要体现，也是保护生物多样性的一个重要方面。从深层次来讲，多样性是所有生命系统的特征，是生物发展的安全保障。多样性的损害会导致生物发展韧性的减弱，导致整个生态系统生命力下降，保护生物多样性是持续发展的基础，对人类社会经济的稳定和发展具有重要意义。

家畜多样性也是家养动物进化的结果。这种进化的成因除了生态条件和自然选择以外，还要加上家养条件和人工选择。人类培育出了动物品种，但还没有能够创造出品种间的生殖隔离，所以家畜多样性与生物多样性相比，容易被杂交消灭。大量原始品种的灭绝，肯定会带来家畜多样性的衰退，从而影响畜牧业的未来发展。

第一节　保种概况

一、保种的概念和意义

保种就是保护人们需要的畜禽品种资源，使之免遭混杂或灭绝。也就是说，要妥善保存畜禽资源的基因库，使其中的优良基因不致丢失。从这个意义上说，保种要求闭锁繁育和防止近交，而不强调品质的提高。当然，保种也不是把地方品种毫无选择地全部保存下来，而仅是对某些具有优良特性，或适于作杂种优势利用的品种加以保存。对那些低劣、没有保留价值的品种，则不必过分强调保护。

从遗传角度考虑，保种就是保存基因。因为基因是遗传变异的基本功能单位，任何性状都是由基因决定的。有的特定的基因，能在特定环境条件下发育成为特定的性状。群体中某个基因暂时未被发现它的价值，今后需要该基因时，若已丢失，也就难以形成特定的性状。

从育种学角度考虑，保种就是保存性状。育种主要是通过对具体性状的选择而达到遗传改良的目的。保种就是要妥善保存现在或将来有用的性状，作为将来育种的素材。从畜牧学角度考虑，保种就是保存品种。动物品种是在一定社会和自然条件下育成的，是人们劳动的产物，已经具有人们所需要的某些生产能力，因此保种就是要保存这些已经育成的品种，避免混杂、退化或泯灭。从社会学和生态学角度考虑，保种就是保护资源。因为无论是品种还是物种，都是人类社会和自然界的遗传资源，它们是社会发展、生物进化、生态平衡不可或缺的。

所以从畜牧学角度，保种的主要意义在于：保留的品种可为将来的育种提供素材；储备将来所需的特定性状的遗传基因；保持生物多样性，维持生态平衡。

二、保种原理

保种工作是当前地方品种育种工作的一项重要任务，根据群体遗传学的原理，在一个封闭的有限群体内，特别是小群体中，任何一对等位基因都有可能因遗传漂变而使其中的一个基因固定为纯合子，另一个消失。近交不但能引起衰退，而且由于它具有使基因趋向纯合的作用，因而在选择和漂变的配合下，也能使某些基因消失，这些因素对保种都是不利的。

一般而言，近交增量（ΔF）和群体有效含量（Ne）是影响保种效果的两个主要因素；群体有效含量与近交增量呈反比例关系，群体有效含量越多，近交增量越小，基因丢失概率越小，保种效果越好。群体遗传多样性减少的概率，一般以一个世代群体平均近交系数增量来表示。近交系数是由父母双方的相同基因复制组成个体一对等位基因的概率，即由来自双亲的同一种等位基因占据一个位点的概率，那么，一代间群体平均近交系数增量，也就是这个概率在一个世代中上升的幅度。

群体近交系数增加的快慢，主要受群体大小和留种方式的影响。一般来说，群体越大，近交系数增量越小；相反，群体越小，近交系数增量就越大。但是，同样的群体，由于公母比例不同，近交系数增量也不同，因此，在进行群体比较时，常用群体有效含量来表示群体大小。所谓群体有效含量，是指在近交系数增量的效果上群体实际头数相当于“理想群体”的头数，而理想群体是指规模恒定，公母各半，没有选择、迁移、突变，也没有世代交替的随机交配群体。显然，群体有效含量越大，近交系数增加越慢。据测算，群体有效规模为10头时，群内繁殖到20世代时，群体的平均近交系数可高达0.7；如果群体有效含量为200时，同样到20世代，近交系数仅为0.1左右。可见，要保持一个品种的优良性状不丢失，必须保持适当的有效含量。群体有效含量与公母比例关系密切。同样数量的群体，公畜数量越多，群体有效含量越大；相反，公畜越少，有效含量越小。因此，一个保种群建立的开始就应保留一定数量的家系，在以后世代中也应采取各家系等量留种的方法，特别是每个家系必须留下公畜，以保持更多的血统来源。

三、保种方法

1. 静态保种　尽可能保持原种群的遗传结构，保持其特有的基因频率与基因型频率，防止任何遗传信息从群体中丢失。静态保种可采用低温冷冻保存配子、受精卵和胚胎。由于抽样误差，基因频率和基因型频率也有所变化，但是已经降低到最低限度，并防止了保种群与其他种群的混杂。只要样本足够大，群体中的任何遗传信息就不致丢失。从保种成本看，保存配子优于保存受精卵和胚胎；从保种效果看，则截然相反。

2. 进化保种　所谓进化保种，是指允许保种群内自然选择的存在，群体的基因频率和基因型频率随选择而变化，群体始终保持较高的适应性。进化保种属于小群体活体保种的一种，活体保护下自然选择是不可避免的，只能通过控制环境来尽可能降低自然选择的作用，除明显的遗传缺陷外，一般不进行人工选择，从而使得保种群始终维持较高的适应性和较多的遗传变异。进化保种要求群体规模较大，防止近交。

3. 系统保种　系统保种是指依据系统科学的思想，把一定时空内某个品种所具有的全部基因种类和基因组的整体作为保存的对象，综合运用现今可能利用的科学技术和手段，建立和筛选能够最大限度地保存品种基因库中全部基因种类和基因组的优化理论和技术体系。

四、规范化保种的要求

1. 保种目标　以高繁殖力和多乳头数两个特异性状为重点，兼顾性早熟、

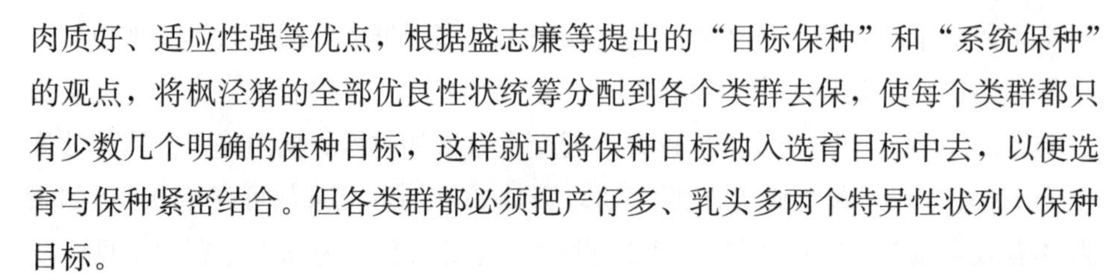

肉质好、适应性强等优点，根据盛志廉等提出的“目标保种”和“系统保种”的观点，将枫泾猪的全部优良性状统筹分配到各个类群去保，使每个类群都只有少数几个明确的保种目标，这样就可将保种目标纳入选育目标中去，以便选育与保种紧密结合。但各类群都必须把产仔多、乳头多两个特异性状列入保种目标。

2. 保种规模

（1）如只保存1～2个特异性状，群体规模可缩小到35头母猪、4头公猪。

（2）如要保存多个优良性状，甚至全面保存枫泾猪的各种性能，就要实行随机交配，那么群体就要大。因为基因随机漂变现象随着群体的增大而趋于减少，一个基因达到固定或漏失的平均世代数也会随着群体的增大而拉长。当然群体大小，应以有效含量来衡量，因为光有一大群母猪而公猪很少，基因就会从公猪漂失。群体有效含量是以近交系数增量来衡量而相当于理想群体的成员数。理想群体是规模恒定、公母相等、随机交配的群体，在保种条件许可下，尽量使群体有效含量达200头。

各种情况下，群体有效含量的计算公式如下：

①在群体中公母对半的情况下，群体有效含量（Ne），可按下式算出其近似值：

$$Ne=\frac{4N}{2+\sigma^2}$$

式中　N——群体实际含量；

σ^2——各家系的子代在留种群体中的方差，在合并随机选留种猪时，$\sigma^2=2$；在各家系等量留种时，$\sigma^2=0$。

群体有效含量主要涉及公猪多少的问题，公猪多了有效含量就多；公猪少了，母猪即使再多，有效含量也增加无几。如母猪100头、公猪12头的群体，$Ne=42.86$头；母猪100头、公猪50头的群体，$Ne=133.3$头；母猪200头、公猪12头的群体，$Ne=45.28$头。

②在公母不等、但选种时各家系在数量和性别上仍是等数的情况下，计算群体有效含量的公式为：

$$\frac{1}{Ne}=\frac{3}{16N_S}+\frac{1}{16N_D}$$

式中 N_s——实际参加繁殖的公猪头数；

N_D——实际参加繁殖的母猪头数。

③如采用合并随机选种法（$\sigma^2=2$），公母数又不等的群体，则计算公式为：

$$\frac{1}{Ne}=\frac{1}{4N_S}+\frac{1}{4N_D}$$

④如果按 C. Dragaueseu 于 1975 年提出的猪基因群体的最少含量为：母猪 100 头、公猪 12 头；这是目前国家级地方猪保种场的群体数量要求。

A. 若采用各家系等量留种

$$\frac{1}{Ne}=\frac{3}{16N_S}+\frac{1}{16N_D}=\frac{3}{16\times12}+\frac{1}{16\times100}=0.016\ 25$$

$Ne=61.54$ 头

B. 若采用合并随机留种

$$\frac{1}{Ne}=\frac{1}{4N_S}+\frac{1}{4N_D}=\frac{1}{4\times12}+\frac{1}{4\times100}=0.023\ 33$$

$Ne=42.86$ 头

有了群体有效含量，就可以计算世代近交增量。每世代的近交增量（ΔF），按下式计算：

$$\Delta F=\frac{1}{2Ne}$$

若采用各家系等量留种：

$$\Delta F=\frac{1}{2Ne}=\frac{1}{2\times61.54}=0.008\ 12$$

要达到 $F_x=0.5$，要 61.6 世代。

若采用合并随机留种：

$$\Delta F=\frac{1}{2Ne}=\frac{1}{2\times42.86}=0.011\ 7$$

要达到 $F_x=0.5$，要 42.74 世代。

可见在规模相同条件下，选种方法以各家系等量留种为好，近交系数增加较慢，基因丢失自然就少。

3. 交配方式　如果只保存 1～2 个性状，特别是繁殖力性状，在与选育相结合时，只要把它作为选育指标之一，采用任何选育方法，即使是近亲交配，近交系数达35%以上，也不致造成主效基因的丢失。但如果要求全面保存一个品种的性状时，一般的选育方法并非所宜，而要采用随机交配方式，因为后者能使基因纯合速度减慢，基因丢失减少。

4. 常规的措施　需要说明的是，在我国目前尚未实行系统保种的前提下，一般还是常规保种。通常的措施有：

（1）建立基地，禁止引进其他品种，严防群体混杂。目前，地方猪保种上，国家和各省地区均都建有国家级或省级保种场或保护区或基因库，某些品种还不止一个保种场，允许同一品种不同保种场或保护区或基因库间血统交换。

（2）确定规模，一般来说，要求保种群在100年内近交系数不超过0.1。

（3）合理留种，各家系等量留种，即在每一世代留种时，实行每一公猪后代中选留1头公猪，每一头母猪后代中选留等数母猪。

（4）随机交配，如能在保种群中避免全同胞、半同胞交配，或采取非近交公猪轮回配种，可望使近交系数不致上升过快。

（5）延长世代间隔，以延缓近交系数的增加，猪的世代间隔设为2.5年。

（6）避免选择，一般不实行选择，或按照平均数进行留种。

（7）环境稳定，远离和控制污染源，防止基因突变。

五、枫泾猪保种概况

枫泾猪原属太湖猪中的一个地方类群，太湖流域地方猪的保种工作自古以来就一直在进行。早在明朝正德年间（1506—1521），嘉兴黑猪就遭灭种之灾。据《浙江通志》和《嘉兴府志》记载："正德中，禁天下养猪，一时埋弃俱尽，嘉善县民陈姓穴地养之，遂传其种。"鸦片战争后，中国沦为半殖民地社会，大批外国侨民从国外带进上海市近郊多种欧美猪种，与虹桥一带的枫泾猪杂交所生的杂种生长快、个儿大，农民争养，使枫泾猪数量大减。

（一）枫泾猪改名之前的保种情况

1. 建立良种场和种猪场　20世纪90年代之前，由政府投资建场，主管部门每年下达太湖猪公、母猪饲养头数和纯繁数量，并给予相应的经费和平价饲料补贴。到1989年，江苏省、浙江省和上海市共建设县级种猪场28个、乡级种猪场200多个，饲养太湖猪种猪1万多头。由于这些种猪场发挥骨干作用，源源不断地提供大批优质苗猪给农民饲养，饲养头数逐年增加。据 1989 年统计，太湖猪的存栏量：上海市有母猪 13.24 万头、公猪 210 头；江苏省 32 万头，占全省母猪总数的 26%；浙江省 16 万头。

2. 保种与选育相结合　种猪场既要考虑有效的保种方法，又要考虑节约开支，否则难以完成。盛志廉等认为：保种除为当前杂交提供杂交母本外，主要为发展未来畜禽品种提供部分“零件”和“原材料”，所以保种不是原封不动地保，而要保存已知优良性状的基因或基因组合；保种要与选育相结合，实行动态保种，从选育提高生产性能中得效益，而且保种群和选育群合二为一，选育措施与保种措施统一兼容，做到一套人马、一笔资金，兼办选育和保种两件事。从宏观看，根据品种的整体性和可分性理论，提出目标保种理论和系统保种方法，以替代现有的随机保种理论和分立保种方法。

3. 保种与杂交利用相结合　鉴于保种既是人类社会长远利益的需要，又是一项缺乏近期经济效益的事业，需要一定的投入而一时经济收益不多，因此，保种一定要与经济杂交相结合，从杂种优势中获取经济效益，并通过建立杂交繁育体系，把枫泾猪作为杂交原始母本建立核心群，使枫泾猪在杂交利用中始终占有一席之地，并起强化杂种优势的积极作用。

4. 保种与良种登记和优良种猪场评比相结合　江苏、浙江、上海太湖猪育种委员会每年组织一次普遍的太湖猪良种登记，每两年组织一次太湖猪优秀种猪评比。由于“太湖猪良种登记办法”中规定：凡饲养纯种太湖猪母猪不到 30 头，公猪血统不到 3 个的场，没有申请登记资格；对评上优秀种猪的优秀场和工作人员予以奖励，二等以上优秀母猪的后代，售价可比市场价提高 10%～30%。在“太湖猪优秀种猪场评比办法”和“太湖猪种猪场评分标准说明”中评比条件规定，饲养纯种太湖猪母猪要在 60 头以上。这两项评比登记活动，不仅起到了普遍提高种猪场育种水平和猪种质量的作用，而且也促进了太湖猪数量的增加，是保种的一项重要措施。

（二）枫泾猪改名之后的保种情况

目前全国范围内，枫泾猪保种主要集中在上海和江苏。江苏省的枫泾猪保种工作，主要由江苏农林职业技术学院下属的镇江牧苑动物科技开发有限公司承担。

公司种猪场饲养的枫泾猪是在公司 2008 年 9 月从上海金山一带收集的 32

头母猪和 8 头公猪的基础上，经过多年的纯种繁育，扩繁而成。目前枫泾猪保种群中，母猪 102 头，种公猪 6 个血统 12 头。枫泾猪分别于 2009 年 6 月和 2015 年 1 月被列入江苏省畜禽遗传资源保护名录；公司 2015 年 7 月被列入江苏省省级枫泾猪保种场建设单位（JS-C-24）。

公司种猪场位于江苏省句容市边城镇赵庄村江苏农博园内；区位优势明显，交通便捷，位于江苏省西南部、长江下游南岸，东连镇江，西接南京，南邻常州，北濒长江，距 G42 高速 2km、G40 高速 8km、S243 省道 1km；环境优美，防疫条件良好，江苏农博园占地 266.67hm^2，园内农林牧渔自成体系，是宁镇丘陵地区循环农业的典范，同时也是国家 3A 级旅游景区。

种猪场占地 13 亩，现有各类猪舍及配套附房 3 156m^2，其中猪舍 1 990m^2；现存栏枫泾母猪 240 头，种公猪 30 头，已液氮保存 6 个血统 7 头种公猪的冷冻精液 6 000 多支；现有员工 18 人，其中，具有正高职称 2 人、副高职称 3 人，中级职称 4 人，博士 5 人。

多年来，种猪场围绕种猪保种、选育和开发利用，南京农大、扬州大学、江苏省农业科学院等科研院所紧密合作，积极开展科研攻关，发表论文 50 篇以上，先后承担并完成部、省级科研项目 10 余项；在此期间的保种和科研实践中，已形成了一支结构合理、经验丰富、敬业爱岗的专业技术和饲养管理团队及较完备的教学实训与技术研发、推广、服务体系。

公司上级江苏农林职业技术学院是国家级示范性高职院校，畜牧兽医专业是全国示范专业，公司在确保保种和服务教学的基础上，实行公司化管理，独立核算、自主经营、自负盈亏；保种、科研、教学实训与生产经营的有机结合，为这个猪种的保种工作奠定了良好的基础。

第二节　保种目标

种质资源保存就是保护其种质特性世代传承。换言之，建立活体保种群和基因库，采用适当的繁育和选种制度，防止保种群近亲繁殖，控制基因漂变或丢失，保持群体的遗传稳定性。

根据 2006 年农业部颁布的《畜禽遗传资源保护场保护区和基因库管理办法》，猪遗传资源保护场的保种群规模要求，基础母猪 100 头以上，公猪 12 头以上且 3 代以内没有血缘关系的家系数不少于 6 个。

根据枫泾猪的种质特性，保种主目标以繁殖性状（如产仔数等）为主，兼顾体型外貌、生长性状与胴体性状。

1. 体型外貌　全身被毛黑色或青灰色，毛稀疏，腹部皮肤多呈紫红色。头大额宽，额部和后躯均有皱褶，耳特大、下垂，耳尖齐或超过嘴角。背腰微凹，胸较深，腹大下垂而不拖地，臀部略倾斜。四肢粗壮，肢蹄结实。乳房发育良好，有效乳头 16 个以上。

2. 生长发育　正常饲养管理条件下，60 日龄仔猪体重不低于 10kg，120 日龄后备猪体重不低于 27kg，成年公猪体重不低于 140kg，母猪不低于 125kg；育肥猪适宜屠宰期 8～10 月龄，适宜屠宰体重 70～80kg；15～75kg 体重阶段内，平均日增重不少于 370g，每千克增重耗料 4.2kg 左右。

3. 繁殖性状　母猪初情期 60～120 日龄，初配年龄 4～6 月龄；初产母猪平均总产仔数不少于 11 头，产活仔数不少于 10 头；经产母猪平均总产仔数不少于 15 头，产活仔数不少于 13 头；公猪第一次爬跨射精为 70～90 日龄，公猪初配年龄 6 月龄。

4. 胴体品质　70～80kg 体重时屠宰，屠宰率 68%左右，胴体瘦肉率 42%左右，肉质鲜嫩，无 PSE 和 DFD 肉。

第三节　保种技术措施

1. 交配制度　根据现有保种群的血缘关系，将生产公猪划分为Ⅰ～Ⅵ 6 个家系，生产母猪划分成 A～F 6 个繁殖群。根据公、母猪系、群的血缘亲疏，以群体近交系数最低为目标，采用“0～1”整数规划，建立枫泾猪的交配组合制度。

2. 留种制度　原则上采用“血缘替补、继代选留、自然淘汰和延长世代间隔”，各家系和繁殖群等量留种的制度。但本方案实施初期，考虑到保种群血缘关系对繁殖群划分的影响，各繁殖群母猪的选留量需酌情调整；保种群世代传承的实施方法原则上“父老子继，母死女代”。

3. 提纯复壮　根据《枫泾猪》品种标准，在世代繁育传承中，对种质特征、特性提纯复壮；同时，依托江苏农林职业技术学院和南京农业大学等教学、科研单位，联合开展对地方猪种抗病力和抗应激等研究，进一步提升其种质潜能和健康水平。

4. 肉质研究　开展体型外貌、生长繁殖性能、肉质性状等的检测，探索它们之间的相关性。同时，针对目前市场对安全产品、绿色肉食品的需求，开展饲养方式、饲料营养、品种（组合）与肉质风味等相互关系的研究探索。

5. 配合力的测定　为了更好地开发利用枫泾猪种质资源，拟进行二元和三元的杂交试验，测定配合力，筛选出理想的枫泾猪专门化配套系。

6. 稳定饲养管理条件　根据《枫泾猪养殖技术规程》，尽可能保持猪舍内外环境条件相对稳定；各类种猪日常的饲养管理和使用的饲料原料品种、来源等，保持相对稳定；确保饲料等投入品的质量安全。

7. 保种效果监测　活体保种群的体型外貌、生产性能和遗传性能，在世代传承中力求相对稳定。以《枫泾猪》品种标准为标准，本方案重点监测以下性状的变异动态，采用 MTDFREML 方法（多性状非求导约束最大似然估计法），对枫泾猪主要性状进行遗传参数估计和育种值估计：①体型外貌；②后备猪的生长发育性能；③生产母猪的繁殖性能；④遗传多样性监测：每年对留种的后备猪（酌选全同胞）及其亲本，应用联合国粮农组织推荐的 30 个微卫星标记，检测分析其遗传多样性的变异动态。

8. 建立种猪档案　根据农业农村部《畜禽标识和养殖档案管理办法》等有关规定，建立以下档案资料。

（1）种猪系谱投产种猪都必须建立系谱卡　种猪系谱卡由以下四个部分组成。

①种猪基本信息：含种猪的个体编号、出生或进场时间、品种、品系、近交系数、初生重、21 日龄个体重、左右乳头数、离场日期及原因等内容。

②种猪个体系谱：含该种猪上 3 代的祖先耳号。

③生长发育记录：含后备猪 60 日龄、120 日龄、180 日龄和成年的体重、体尺及活体背膘厚等项目。

④繁育实绩记录：记录母猪各胎次和公猪与配母猪年度平均的繁育实绩。

（2）种猪繁育业绩　主要包括种公猪采精记录、母猪配种记录、母猪产仔哺育记录等档案资料。

（3）种猪健康记录　主要反映种猪的免疫情况（免疫时间、疫苗种类、免疫剂量和途径）、猪场防疫卫生和消毒记录、发病和治疗情况、死亡时间及无害化处理方法等。

（4）群体系谱图　对保种群全部投产种猪，按照相互亲缘关系，绘制成一张群体系谱图。通过该图清晰地反映整个种猪群的血缘结构，种猪间的亲缘关系，各家系的基本情况等。

（5）档案管理　建立种猪档案室，落实专人负责种猪档案资料的采集、处理和保管工作。按要求即时准确采集、记录各类技术、管理资料，定期整理、统计处理，为种猪保种和选育提供依据。针对种猪遗传评估等工作需要，拟购买实用的育种软件，实现保种场档案资料的微机管理。

第四节　种质特性研究

利用微卫星标记技术可了解枫泾猪群体遗传多样性的现状，评价枫泾猪的保种效果。吴井生等（2012）采用 ISAG/FAO 联合推荐的 30 对微卫星标记，对枫泾猪 2 个世代（0 世代和 1 世代）群体的遗传多样性进行检测（表 3-1）。结果共检测到 143 个等位基因，平均为 4.767；0 世代与 1 世代猪群的平均有效等位基因分别为 2.815 1、3.012 9；平均多态信息含量（*PIC*）分别为 0.537 5、0.568 4；平均期望杂合度（*He*）分别为 0.617 1、0.635 6；近交系数（*Fis*）分别为−0.332、−0.325（图 3-1）。研究结果表明，枫泾猪群体内遗传变异多，遗传多样性丰富。在今后的保种工作中，应扩大保种群的规模，实时监测群体的遗传多样性，并避免低频率等位基因丢失。

表 3-1　2 个世代枫泾猪群体的遗传参数

遗传参数	0 世代	1 世代
Ne	2.815 1±0.918 8	3.012 9±0.875 5
I	1.102 5±0.359 6	1.154 1±0.355 2
R	4.247 2±1.624 8	4.077 5±1.254 0
PIC	0.537 5±0.152 3	0.568 4±0.161 8
Ho	0.816 7±0.271 3	0.839 5±0.282 9
He	0.617 1±0.141 0	0.635 6±0.157 3
Nei	0.605 3±0.138 3	0.629 1±0.155 7

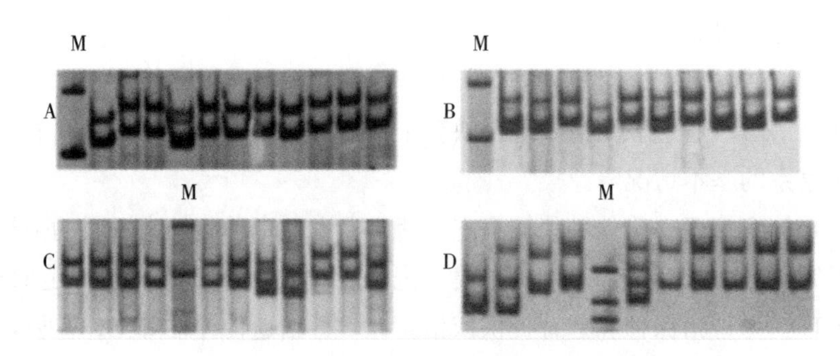

图 3-1 部分微卫星座位的 PCR 扩增结果

A. Sw2410 B. Swr1941 C. S0218 D. S0097 M. Marker

猪的氟烷基因是一种应激基因，携带该基因的猪仅在运输、高热、转群、争斗、饥饿等条件下，会出现异常反应甚至死亡的现象，这种现象称为应激综合征（PSS）。控制 PSS 的基因称为氟烷基因。方美英等（1999）调查分析不同猪种中氟烷基因频率，结果发现，在枫泾猪（5 头，上海金山猪场）中氟烷基因频率为 0.1，而其他地方猪种中未发现；国外猪种大约克的氟烷基因频率为 0.222。

雌激素是雌性脊椎动物的性激素，由卵巢分泌的发情激素具有促进第二性征出现的作用。哺乳动物还可使排卵后的滤泡变为黄体，并能分泌被称为第二雌激素的黄体激素，具有控制妊娠、哺乳的功能。孕酮是一种很重要的甾体激素，在受孕和维持妊娠中起关键作用，同时，也是控制排卵、子宫和乳腺发育的重要因素。孕酮的生理作用是通过孕酮受体（PGR）介导的，因此，孕酮的生理效应不仅取决于孕酮本身的分泌和代谢，还与孕酮受体的表达与功能密切相关。张德福等（2000）以长白猪为对照，测定了枫泾猪发情周期血浆中雌二醇和孕酮及其子宫受体含量。结果显示，发情期血浆雌二醇的峰值，枫泾猪为（57.04±3.60）ng/L、长白猪为（55.85±3.04）ng/L，两者无显著差异。孕酮最高水平和间情期平均水平，均为枫泾猪高，差异极显著，孕酮最高水平，枫泾猪为（24.11±1.24）μg/L、长白猪为（16.67±0.21）μg/L；孕酮间情期平均水平，枫泾猪为(18.11±1.24）μg/L、长白猪为(11.07±0.61）μg/L。枫泾猪发情期和间情期细胞质雌二醇受体分别为每毫克 DNA（387±21.2）、（352±18.2）fmol，其离解常数（kd）分别为（4.8±0.4）nmol、（3.8±1.0）nmol，细胞核雌二醇受体分别为每毫克 DNA（1 269.58±156.42）fmol，其 kd 分别为（5.8±1.4）nmol、（3.48±1.0）nmol，细胞质孕酮受体分别为每毫克 DNA（343.0±51.4）fmol、（148±41.0）fmol，细胞核孕酮受体分别为（324±6.9）fmol、（115±2.4）fmol，发情期和间情期子宫细胞核雌二醇受体含量较长白猪高，差异显著，说明此时子宫对雌二醇具有较高的敏感性。

转铁蛋白又称β-金属球蛋白，是一种能转运 Fe（Ⅲ）的结合球蛋白，具有运送铁离子供红细胞进行血红蛋白生物合成的作用。自 Smithies（1957）用淀粉凝胶电泳法首次鉴定出 Tf 的遗传变异后，迄今的研究表明，家猪 Tf 至少受到 6 种等位基因所支配，它是一个高度多态的系统。在长白猪中未能检测到等位基因 C，在地方品种中，3 种等位基因均检测到。在枫泾猪中检测到了 6 种基因型，其中，BB 基因型为优势基因型，频率为 50.5%；二花脸猪中检测到了 5 种基因型，BB 基因型为优势基因型（38.8%）；长白猪中只检测到 AB 和 BB 基因型，BB 基因型频率为 99.1%（表 3-2）。

表 3-2　枫泾猪等转铁蛋白基因型频率

品种	头数	AA		AB		AC		BB		BC		CC	
		N	%	*N*	%	*N*	%	*N*	%	*N*	%	*N*	%
二花脸猪	116	0	0	20	17.2	10	8.6	45	38.8	24	20.7	17	14.7
梅山猪	131	1	0.8	19	14.5	9	6.9	56	42.7	26	19.8	20	15.3
枫泾猪	109	2	1.8	8	7.3	7	6.4	55	50.5	13	11.9	24	22.0
金华猪	115	0	0	12	10.4	6	5.2	69	60.0	20	17.4	8	7.0
姜曲海猪	98	1	10	0	0	5	5.1	29	29.6	31	31.6	32	32.7
长白猪	108	0	0	1	0.9	0	0	107	99.1	0	0	0	0

在枫泾猪、二花脸猪等原属于太湖猪的地方品种中，等位基因 B 为优势基因；但在姜曲海猪中等位基因 C 为优势基因；而在长白猪中只检测到等位基因 A 和 B，B 为优势基因，频率为 0.996（表 3-3）。

表 3-3　各种猪转铁蛋白基因频率比较

基因	二花脸猪	梅山猪	枫泾猪	金华猪	姜曲海猪	长白猪
A	0.129	0.115	0.087	0.078	0.036	0.004
B	0.578	0.598	0.602	0.739	0.454	0.996
C	0.293	0.287	0.311	0.183	0.510	0

淀粉酶与其他血清蛋白或酶一样，都由遗传基因所控制；已经发现血清淀粉酶在许多动物中都存在多态性，且各个品种都有其特征。研究结果表明，枫

泾猪中，只检测到AA、AB和BB 3种基因型。其中，基因型BB为优势基因型，频率为63.3%。二花脸猪中检测到6种基因型；梅山猪、金华猪和姜曲海猪种都只检测到2种基因型；长白猪中检测到3种基因型（表3-4）。

表3-4　各种猪淀粉酶基因型频率

品种	头数	AA		AB		AC		BB		BC		CC		BX	
		N	%	*N*	%	*N*	%	*N*	%	*N*	%	*N*	%	*N*	%
二花脸猪	116	3	2.6	26	22.4	2	1.7	59	50.9	24	20.7	2	1.7	0	0
梅山猪	131	0	0	0	0	0	0	127	96.9	4	3.1	0	0	0	0
枫泾猪	109	2	1.8	38	34.9	0	0	69	63.3	0	0	0	0	0	0
金华猪	115	0	0	0	0	0	0	114	99.1	0	0	0	0	1	0.9
姜曲海猪	98	0	0	0	0	0	0	92	93.9	6	6.1	0	0	0	0
长白猪	108	0	0	0	0	0	0	98	90.7	9	8.4	1	0.9	0	0

在6个猪品种中，淀粉酶基因位点上，共检测出4个等位基因。其中，除二花脸猪检测到3个等位基因外，其他品种均只检测到2个等位基因；优势基因均为等位基因B（表3-5）。

表3-5　各种猪淀粉酶基因频率

基因	二花脸猪	梅山猪	枫泾猪	金华猪	姜曲海猪	长白猪
A	0.146	0	0.192	0	0	0
B	0.725	0.984	0.808	0.996	0.969	0.949
C	0.129	0.016	0	0	0.031	0.051
X	0	0	0	0.005	0	0

丁丽敏等对枫泾猪主要血液生化指标进行了测定，4月龄、6月龄和成年枫泾猪的各项血液生化指标中，黄疸指数、总胆红质、凡登白试验、硫酸锌浊度、酮体定性均比较一致，其他各个项目中钾、钠、钙、无机磷、镁、糖的指标大致相似，蛋白电泳各项指标大致相似，盐析法分析的球蛋白4月龄与成年比较一致，4月龄与6月龄的总蛋白比较一致，4月龄与6月龄母猪的双缩脲法分析总蛋白指标比较一致；其他各项目中年龄之间没有一定的规律性，有的差异较大。结果还显示，4月龄、6月龄猪各自的各项生理指标，多数项目公母间差异显著。谷丙转氨酶和碱性磷酸酶的活性，4月龄公猪高于母猪，差异显著；而血清蛋白双缩脲法测定的总蛋白含量，母猪高于公猪，差异极显著；蛋白电泳中白蛋白含量，公猪高于母猪，差异极显著；γ球蛋白的百分含量，

母猪高于公猪；在血清无机元素的测定中，血清钙和磷含量母猪高于公猪；6月龄猪中，谷丙转氨酶、谷草转氨酶、乳酸脱氢酶、碱性磷酸酶、硫酸锌浊度均公猪高于母猪；成年母猪的谷丙转氨酶、谷草转氨酶、乳酸脱氢酶、碱性磷酸酶各项指标均低于6月龄或4月龄母猪。3个不同年龄阶段相比较，有随月龄增加各项指标有所下降的趋势。

活体保种是当前畜禽遗传资源保护的主要方式，但随着冷冻技术的不断发展和成熟，精液、卵细胞、胚胎和体细胞的冷冻保存，将是活体保护的重要补充或畜禽遗传资源保护的主要方式。加强地方猪种质资源的保护，马国辅等（2015）拟初步筛选不同的精液稀释液处理梅山猪和枫泾猪精液，解冻后镜检，将记录数据进一步分析处理。得出数据结果后，将精液稀释液加以比较，筛选出最好的精液稀释液配方。冷冻程序：将平衡完成的精液在17℃下以800*g*转速离心12 min 30s后去除上清液，然后加入冷却保护液，将黏附在指形离心管上的精子冲洗下来。冲洗完成后将其和冷冻保护液放入4℃冰箱中平衡1h，待其温度降到4℃后添加冷冻保护液，继续在4℃平衡1h后装入0.5mL或0.25mL细管，封口，单层放置在液氮上适当高度在－120～－80℃冷冻8min。再将冷冻完成的细管投入液氮中。解冻程序：将冷冻的细管取3～4支投入38℃水浴锅中轻轻振荡解冻50s，倒入离心管中后取出1mL，将精液稀释至精子1×10^7个/mL备用。

5头公猪42头份猪精液分别经Ⅰ号和Ⅱ号精液稀释液稀释后，放置17℃冰箱平衡1h后的精子活力检测结果见表3-6。

表3-6　不同精液稀释液的猪精液17℃平衡1h后精子活力检测结果

Ⅰ号	0.89	0.88	0.82	0.82	0.83	0.82	0.85
Ⅱ号	0.87	0.90	0.81	0.82	0.84	0.86	0.81
Ⅰ号	0.82	0.91	0.73	0.84	0.82	0.81	0.92
Ⅱ号	0.81	0.87	0.74	0.83	0.83	0.82	0.92
Ⅰ号	0.79	0.84	0.92	0.79	0.84	0.88	0.84
Ⅱ号	0.82	0.84	0.91	0.81	0.85	0.88	0.85
Ⅰ号	0.84	0.88	0.85	0.86	0.82	0.84	0.84
Ⅱ号	0.86	0.87	0.86	0.85	0.84	0.84	0.85
Ⅰ号	0.81	0.86	0.82	0.86	0.81	0.93	0.9
Ⅱ号	0.80	0.86	0.82	0.89	0.89	0.91	0.94

（续）

Ⅰ号	0.79	0.87	0.81	0.81	0.84	0.81	0.81
Ⅱ号	0.80	0.86	0.85	0.84	0.81	0.81	0.81

注：Ⅰ号为Ⅰ号稀释液；Ⅱ号为Ⅱ号稀释液。下同。

由表3-6可知，精子活力范围0～1，Ⅰ号稀释液的精子活力范围在0.73～0.93；Ⅱ号稀释液的精子活力范围在0.74～0.94。Ⅰ号精子活力比Ⅱ号高的有13头份，相等的有9头份，低的有20头份。

不同精液稀释液的猪精液17℃平衡1h后精子活力数据分析结果见表3-7。

表3-7 不同精液稀释液的猪精液17℃平衡1h后精子活力数据分析

参数	Ⅰ号	Ⅱ号
平均数	0.841	0.846
方差	0.001 65	0.001 49
观测值个数	42	42
泊松相关系数	0.839	
假设平均差	0	
df	41	
t 值	−1.574	
P（$T \leqslant t$）双尾	0.123	
t 双尾临界	2.020	

由表3-7可知，Ⅰ号稀释液的平均数为0.841±0.041，Ⅱ号为0.846±0.039。两者的泊松相关系数为0.839；df 为41；t 值为−1.574；P（$T \leqslant t$）双尾为0.123；Ⅱ号精子活力比Ⅰ号高0.005，但差异不显著（$P>0.05$）。

5头公猪42头份猪精液分别经Ⅰ号和Ⅱ号精液稀释液稀释后制成冷冻精液，解冻后的精子活力检测结果见表3-8。

表3-8 不同精液稀释液的冷冻精液解冻后精子活力检测结果

Ⅰ号	0.30	0.32	0.21	0.20	0.15	0.32	0.45
Ⅱ号	0.32	0.31	0.30	0.32	0.34	0.60	0.31
Ⅰ号	0.21	0.43	0.32	0.34	0.32	0.31	0.32
Ⅱ号	0.25	0.27	0.3	0.32	0.27	0.32	0.32
Ⅰ号	0.28	0.36	0.17	0.31	0.24	0.08	0.24
Ⅱ号	0.32	0.34	0.40	0.34	0.28	0.23	0.16

（续）

Ⅰ号	0.21	0.24	0.32	0.21	0.32	0.24	0.24
Ⅱ号	0.39	0.30	0.36	0.41	0.34	0.27	0.27
Ⅰ号	0.34	0.21	0.32	0.36	0.36	0.30	0.34
Ⅱ号	0.42	0.29	0.32	0.31	0.41	0.30	0.40
Ⅰ号	0.24	0.17	0.21	0.31	0.24	0.31	0.31
Ⅱ号	0.24	0.36	0.35	0.34	0.31	0.31	0.41

由表3-8可看出，精子活力范围0～1，Ⅰ号稀释液的精子活力范围在0.08～0.45；Ⅱ号稀释液的精子活力范围在0.16～0.60。Ⅰ号精子活力比Ⅱ号高的有9头份，相等的有5头份，低的有28头份。

5头公猪42头份猪精液分别经Ⅰ号和Ⅱ号精液稀释液稀释后制成冷冻精液，解冻后的精子活力数据分析见表3-9。

表3-9　不同精液稀释液的冷冻精液解冻后精子活力数据分析

参数	Ⅰ号	Ⅱ号
平均数	0.278	0.327
方差	0.005 55	0.004 73
观测值个数	42	42
泊松相关系数	0.178	
假设平均差	0	
df	41	
t 值	−3.440	
P（$T\leqslant t$）双尾	0.001 35	
t 双尾临界	2.019 5	

由表3-9可知，Ⅰ号稀释液的平均数为0.278±0.062，Ⅱ号为0.327±0.047。两者的泊松相关系数为0.178；df 为41；t 值为−3.440；P（$T\leqslant t$）双尾为0.001 35；Ⅱ号精子活力比Ⅰ号高0.049，差异达到极显著水平（$P<0.01$）。

陈超等（2015）通过对猪精液按不同梯度稀释、冷冻和检查，探讨猪精液不同稀释密度对其冷冻后精子活力的影响。不同品种不同稀释梯度猪精液解冻后的精子活力比较结果见表3-10。

表 3-10　不同品种不同稀释梯度猪精液解冻后的精子活力比较

品种	梯度	解冻后精子活力					
		即时			2h		
		平均数	标准差	变异系数（%）	平均数	标准差	变异系数（%）
大约克猪（Y）	Ⅰ	0.24	0.01	2.44	0.20	0.04	17.86
	Ⅱ	0.22	0.03	14.85	0.19	0.04	23.97
	Ⅲ	0.23	0.03	13.82	0.16	0.05	32.68
	Ⅳ	0.22	0.05	21.98	0.16	0.07	44.19
	Ⅴ	0.21	0.05	23.97	0.16	0.07	45.88
巴克夏猪（B）	Ⅰ	0.24	0.01	3.01	0.16	0.02	13.69
	Ⅱ	0.26	0.04	15.97	0.21	0.07	35.06
	Ⅲ	0.25	0.04	16.29	0.19	0.06	28.88
	Ⅳ	0.27	0.05	17.10	0.21	0.05	26.57
	Ⅴ	0.27	0.05	18.87	0.36	0.30	83.30
梅山猪（M）	Ⅰ	0.25	0.07	28.28	0.17	0.12	72.85
	Ⅱ	0.22	0.01	5.37	0.14	0.06	40.06
	Ⅲ	0.27	0.02	6.54	0.17	0.05	29.22
	Ⅳ	0.29	0.06	20.11	0.20	0.06	31.31
	Ⅴ	0.32	0.04	12.95	0.23	0.05	23.38
枫泾猪（F）	Ⅰ	0.27	0.03	9.21	0.18	0.07	40.21
	Ⅱ	0.23	0.01	5.02	0.15	0.06	36.12
	Ⅲ	0.29	0.04	12.29	0.23	0.02	7.70
	Ⅳ	0.27	0.04	14.76	0.19	0.05	24.13
	Ⅴ	0.29	0.03	9.75	0.22	0.06	26.91

注：Ⅰ、Ⅱ、Ⅲ、Ⅳ、Ⅴ分别表示为精液冷冻前稀释终密度 2.4×10^8 个/mL、2×10^8 个/mL、1.6×10^8 个/mL、1.2×10^8 个/mL、0.8×10^8 个/mL。下同。

由表 3-10 可看出，解冻后精子即时活力高于解冻后 2h，提示在猪冻精处理后应及时进行下一步的试验工作。今后在冻精推广试验研究中，要做到现解冻现输精；同时，不同品种猪冷冻精液制备中，精子活力表现出一定的不同。提示在今后猪冷冻精液制备过程中，因适宜开发出不同品种猪精液稀释配方及流程。

不同稀释密度间精液解冻后精子活力分析结果见表 3-11。

表 3-11 不同稀释密度间精液解冻后精子活力分析

时间节点	参数	Ⅰ	Ⅱ	Ⅲ	Ⅳ	Ⅴ
即时	数量	15	24	30	32	31
	平均数	0.23[ABa]	0.25[Aab]	0.29[ABab]	0.27[ABbc]	0.27[Bc]
	标准差	0.04	0.04	0.05	0.05	0.05
	变异系数（%）	17.09	16.02	15.5	14.57	13.94
2h	数量	15	24	30	32	31
	平均数	0.16[a]	0.18[ab]	0.18[ab]	0.20[bc]	0.24[c]
	标准差	0.06	0.05	0.04	0.05	0.06
	变异系数（%）	25.21	22.58	21.97	20.09	19.06

注：同列数据肩注不同小写字母表示差异显著（$P<0.05$）；不同大写字母表示差异极显著（$P<0.01$）。

从表 3-11 可看出，随着稀释梯度的增加，精子活力表现上升趋势。提示在制备猪冷冻精液时，适当提高稀释倍数能够保持精子活力。

在对不同稀释梯度的方差分析中发现，解冻后精子即时活力Ⅰ与Ⅱ、Ⅲ组间差异不显著（$P>0.05$）；Ⅰ与Ⅳ组间差异显著（$P<0.05$）；Ⅰ与Ⅴ组间差异极显著（$P<0.01$）。Ⅱ与Ⅲ、Ⅳ组间差异不显著（$P>0.05$）；Ⅱ与Ⅴ组间差异极显著（$P<0.01$）。Ⅲ与Ⅳ组间差异不显著（$P>0.05$）；Ⅲ与Ⅴ组间差异显著（$P<0.05$）。Ⅳ与Ⅴ组间差异不显著（$P>0.05$）。Ⅲ和Ⅳ组在即时解冻后的活力相比于Ⅰ、Ⅱ、Ⅲ组的活力较高。解冻 2h 后，精子活力Ⅰ与Ⅱ、Ⅲ组间差异不显著（$P>0.05$）；Ⅰ与Ⅳ、Ⅴ组间差异显著（$P<0.05$）。Ⅱ与Ⅲ、Ⅳ组间差异不显著（$P>0.05$）；Ⅱ与Ⅴ组间差异显著（$P<0.05$）。Ⅲ与Ⅳ组间差异不显著（$P>0.05$）；Ⅲ与Ⅴ组间差异显著（$P<0.05$）。Ⅳ与Ⅴ组间差异不显著（$P>0.05$）。

第四章
枫泾猪品种繁育

第一节　生殖生理

性早熟是枫泾猪的特性之一。据报道，75 日龄母猪即可受胎，并产下正常的仔猪，这是世上少见的。性成熟早，不仅可降低母猪的培育成本，加快资金周转，而且还可提高母猪一生的产仔窝数，获得更多的仔猪数。

一、母猪生殖器官和性机能的发展

1. 生殖器官的发育特点　枫泾猪的性器官发育很早。据王瑞祥等研究，枫泾猪母猪的卵巢在 1～90 日龄相对生长率逐步增高，60～90 日龄达到最高峰；60 日龄时有 25%卵巢表面已有卵泡发育，卵泡数量在 3～16 个；70 日龄有 66.7%卵巢的表面发育着大小不等的卵泡，最大卵泡直径为 4.6mm；90 日龄时，卵巢中出现少数成熟卵泡，泡壁出现皱襞，泡膜内外层十分明显，内膜较厚，有丰富的毛细血管，开始出现黄体，100%卵巢表面都有数个大小不等的卵泡发育，已能正常排卵。

枫泾小母猪 30 日龄时子宫固有膜内出现很多小腺体，60 日龄腺体细胞中出现黏圆颗粒，90 日龄时子宫腔显著增大，黏膜皱襞很多，固有膜增厚，腺体增大，其细胞质中有很多黏圆颗粒。子宫体的长度，以 30～90 日龄生长最快，到 240 日龄已达到成年猪子宫的长度。

2. 性机能的发展　初情期是指第一次发情和排卵的日期。初情期的早晚，受到品种、营养、环境、体重、季节和饲养管理等因素的影响。一般国外猪种的初情期为 7～8 月龄。据 L. L. Anderson（1974）对 6 个品种猪的资料整理，长白猪的初情期为183日龄，拉康比为197日龄，约克夏为199日龄（Dyck，1971）和247日龄（Clark等，1970），大白猪为218日龄，波中猪为201日龄（Roberfscn等，1951）和226日龄（Clark等，1970），切斯特白猪204日龄。这6个品种猪的初情期平均为207（183～247）日龄。枫泾猪由于卵巢发育很早，所以初情期也早。据王祥瑞等研究，枫泾小母猪平均为78（48～89）日龄，体重15.2kg时出现外阴部红肿，有发情表现，但不接受公猪爬跨；枫泾猪第一次发情出现于104日龄（公猪试情法）和133.6日龄（剖检观察卵泡/黄体发育法）；初情期日龄变化较大；枫泾小母猪在第一个情期即能接受配种并能受胎，但受胎率仅20%左右，自第二个情期已具有100%受胎能力。

据赵尚吉等（1986）观察了87头7～8月龄母猪的生殖器官发育情况，结果显示，枫泾母猪卵巢发育正常，有黄体，黄体数14.5个（12～20个），两侧卵巢的平均重量为7.5g（3.1～12.7g），两侧子宫角平均重量为231.6g（65.7～484g），长度平均为169.0cm（94～304cm）。相比之下，枫泾猪卵巢比苏白猪卵巢重56%，子宫角重量是苏白猪的7.6倍，长度是3倍。

据杨少峰等（1985）报道，试验用不同年龄母猪总数154头。结果分别表明，母猪生殖器官相对生长率以90日龄最高，8月龄母猪两侧子宫角平均长度为（108±22.4）cm。初生小母猪卵巢中已有初级卵泡，30日龄时出现早期生长卵泡。首次外阴肿胀出现在48日龄，体重7kg，尚在吃奶阶段，肿胀持续达10多天，不接受爬跨。平均104日龄，性欲表现强烈，外阴肿胀约2d，能接受爬跨，个体之间有差异。从初情期到第五情期，平均每次排卵个数分别为9.5、12.5、13.4、14.3、15个，在8月龄时排卵16.7个。成年母猪排卵：用冲洗法为31个，直接从成熟卵泡中取卵为45.66个，个体之间有差异。

在从成熟卵泡中取卵时还发现，1个卵泡中有1个卵细胞的占50.36%，2个卵细胞的占30.6%，2个以上占19%。卵的直径包括透明带在内为146～170μm，与冲洗出来的成熟卵细胞直径一致。可以认为，过去沿用以黄体数计卵泡数或冲洗计卵法都有改进的必要。而直接从成熟卵泡中取卵的技术条件，关键在于要能很好掌握排卵时间及必须在短时间内操作完毕，存放卵泡时间长了，卵细胞有被溶化的可能。通过6头母猪的实验还表明，枫泾猪卵巢的代偿能力很强，当8日龄母猪一侧卵巢被摘除后，另一侧正常卵巢的排卵为正常母猪的94.8%，第一、二情期单侧卵巢的排卵为87.4%。

二、公猪生殖器官的发育和性机能的发展

1. 生殖器官的发育特点　枫泾猪的性成熟稍晚于二花脸猪。

枫泾猪睾丸的曲精细管直径在初生时就有 65.2μm，相当于中白猪和巴克夏猪 3 月龄时的直径（65μm）；枫泾猪 90 日龄时的直径与中白猪和巴克夏猪 9 月龄时的相当。可见，枫泾猪睾丸的曲精细管比中白猪和巴克夏猪发育早且快；枫泾猪初生时两侧睾丸的平均重量只有 0.4g，1～30 日龄期间睾丸的生长强度最大；60～90 日龄出现第二个生长高峰；附睾的生长趋势与睾丸相似，也以 1～30 日龄和 60～90 日龄生长强度最大；与此相对应，枫泾猪睾丸的曲精细管机能的发育也早。据报道，中白猪、大白猪、波中猪睾丸的精子开始形成于 4 月龄，6 月龄首次出现射精能力；而枫泾猪在 70 日龄时睾丸曲精细管中开始形成精子，85 日龄即可采到活力为 0.48 的精子。用 3～7 月龄每个月龄的小公猪 1 头与 6～8 月龄的母猪配种，共配 22 头，受胎率分别为 40%、100%、50%、66.7%、85.7%，妊娠 28d 胚胎重量与正常分娩时的仔猪数，初生个体重都达到成年公猪所配效果（表 4-1）。

表 4-1　不同日龄枫泾公猪生殖器官的发育

日龄	平均体重（kg）	睾丸重（单个）（g）	相对生长率（%）	曲精细管外径（μm）	附睾重（单侧）（g）	相对生长率（%）
30	4.8	2.69	456	76.1	0.6	480
60	10.3	6.42	139	126.6	1.6	176
90	20.1	34.8	442	209.2	6.4	299
120	22.8	38.2	10	287.9	7.6	19
180	33.2	88.9	18	299.1	19.7	10
成年	127.0	125.0	—	325.7	45.1	0

2. 性机能的发展　枫泾小公猪在 14、15 日龄时就出现非性感应性爬跨，虽有类似交配的向前挺进动作，若放入呈现候配反应的母猪试情，小公猪并不表现追逐和爬跨行为。枫泾小公猪在平均 88 日龄、体重 19kg 时，首次采出精液。一般国外良种猪，公猪精子达生理成熟且可供繁殖之用为 7～8 月龄，体重 65～70kg（表 4-2）。

表 4-2 不同品种地方猪公猪性机能发展情况

品种	枫泾猪	二花脸猪	梅山猪	嘉兴黑猪	平均
初情期日龄	88.00	67.60	82.00	79.42	79.26
性成熟日龄	120.00	90.00	89.00	116.00	116.00

3. 精液品质　不同地方品种公猪的精液品质见表 4-3。公猪初情期精液数量都低于成年期的射精量，为成年期的 8.13%，活力为成年期的 83%，密度为成年期的 28.43%。

表 4-3 不同地方品种公猪的精液品质

	品种	枫泾猪	二花脸猪	梅山猪	嘉兴黑猪	平均
初情期	射精量（mL）	16.10	20.40	25.70	11.95	18.54
	精子密度（亿个/mL）	0.43	0.37	1.14	0.3	0.56
	精子活力（%）	48.00	27.50	67.00	—	47.50
	精子畸形率（%）	62.50	49.30	36.10	13.40	40.32
成年期	射精量（mL）	200.00	218.89	285.00	207.50	227.84
	精子密度（亿个/mL）	2.24	1.90	2.00	1.76	1.97
	精子活力（%）	63.00	83.00	80.00	—	75.33
	精子畸形率（%）	—	1.65	3.40	8.54	4.53

据陈元明等研究，枫泾公猪的精子活力 0.63，极显著高于长白猪的精子活力 0.56，每毫升的精子密度无显著差异；若按每千克体重所能排出的精子数看，枫泾猪为 3.9 亿个、长白猪为 2.1 亿个，差异显著（表 4-4）；枫泾猪和长白猪精液中蛋白质含量分别为（2.22±1.29）g、（4.65±3.97）g，差异极显著，按每千克体重蛋白质总量计算，枫泾猪和长白猪分别为（0.057±0.032）g、（0.037±0.032）g，差异显著（表 4-5）。另外，陈元明等也对精液量与胶状物重量的比较、精液量与体重、胶状物分泌量的相关性、精清的氨基酸成分、精子原生质滴的附着和精子畸形率等方面进行了研究，具体结果见表 4-6 至表 4-9。

表 4-4 枫泾猪和长白猪精子活力、精液 pH 及精子密度的比较

品种	活力（%）	pH	密度（亿个/mL）	总精子数（亿个）	总精子数/体重（亿个/kg）
枫泾猪（27）	0.63 ± 0.07^{Aa}	7.23 ± 0.25^{Aa}	2.24±1.36	169.0±148.2	3.9 ± 2.7^{a}
长白猪（21）	0.56 ± 0.21^{Bb}	7.07 ± 0.13^{Bb}	1.87±1.43	269.4±242.8	2.1 ± 1.9^{b}

表 4-5　枫泾猪和长白猪精液的蛋白质含量比较

品种	100mL 精液蛋白质含量（g）	精液中蛋白质含量（g）	蛋白质总量/体重（g/kg）
枫泾猪（27）	2.99±1.15	2.22±1.29[Bb]	0.057±0.032[a]
长白猪（21）	2.98±1.20	4.65±3.97[Aa]	0.037±0.032[b]

表 4-6　精液量与胶状物重量的比较

品种	月龄	头数	体重（kg）	精液量（mL）	精液量/体重（mL/kg）	胶状物重（g）
枫泾猪	4.5	5	26.1	42	1.6	8.7
	5.5	4	30.7	59	1.9	12.7
	6.5	6	38.4	66	1.7	15.3
	7.5	6	47.5	85	1.8	26.2
	8.5	6	55.9	96	1.7	24.2
长白猪	5.5	2	81.6	75	0.9	13.2
	6.5	4	102.3	95	0.9	20.1
	7.5	5	114.0	131	1.1	35.9
	8.5	4	126.6	136	1.1	35.9
	9.5	4	131.2	219	1.7	69.7
	10.5	5	144.9	154	1.1	35.4

表 4-7　精液量与体重、胶状物分泌量的相关性

项目	品种	头数	相关系数
精液量与体重	枫泾猪	27	0.466**
	长白猪	24	0.277
	总计	51	0.611**
精液量与胶状物分泌量	枫泾猪	27	0.720**
	长白猪	23	0.847**
	总计	50	0.865**

表 4-8　精液的氨基酸成分

名称	100g 蛋白氨基酸含量（g）	
	枫泾猪（27）	长白猪（22）
天冬氨酸	9.91±0.32	10.25±0.54
苏氨酸	6.32±0.21	6.18±0.31

（续）

名称	100g蛋白氨基酸含量（g）	
	枫泾猪（27）	长白猪（22）
丝氨酸	6.87±0.51	7.27±0.56
谷氨酸	11.62±2.97*	10.34±0.80*
甘氨酸	5.98±0.31	6.20±0.77
丙氨酸	3.34±0.21	3.54±0.35
胱氨酸	2.60±0.46	2.19±0.52
缬氨酸	4.97±0.45	4.89±0.66
蛋氨酸	2.23±0.56	2.49±0.61
异亮氨酸	5.56±0.43**	6.25±0.39**
亮氨酸	8.26±0.54	8.87±0.48
酪氨酸	7.39±0.63	7.66±0.57
苯丙氨酸	4.21±0.27	4.36±0.44
赖氨酸	7.68±0.20	7.86±0.40
组氨酸	1.89±0.21	1.87±0.24
精氨酸	5.91±0.41	6.24±0.35
脯氨酸	5.27±0.68	4.87±0.93

表 4-9 精子原生质滴的附着和精子畸形率（%）

品种	月龄	头数	原生质滴附着			畸形率
			无	尾部	颈部	
枫泾猪	4.5	5	43.1	49.7	7.2	21.8
	5.5	4	73.5	24.6	1.9	8.5
	6.5	6	61.1	36.3	2.6	8.1
	7.5	6	67.2	31.4	1.4	8.3
	8.5	6	85.5	13.2	1.3	7.6
长白猪	5.5	1	24.0	0	76.0	25.5
	6.5	4	62.4	14.6	23.0	16.8
	7.5	5	79.9	9.8	10.3	7.2
	8.5	4	95.4	3.0	1.6	6.3
	9.5	4	71.5	34.1	11.2	6.5
	10.5	5	65.4	21.6	13.0	6.6

三、母猪的发情周期、妊娠期

据杨少峰等（1985）报道，用25头小母猪分成5组，分别在初情期到第五情期，各用成年公猪精液配种，受胎率分别在20%、100%、100%、200%、60%。

据20头母猪实验8月龄时，在发情39～42h配种，受胎率100%，产活仔数12头；而在发情后33～36h或45～48h配种，受胎率80%，产活仔数7.5头。成年母猪排卵时间则比初配母猪提早12h以上，配种时间也相应提前。配种后在发情开始约100h胚胎进入子宫角，在126h时可运行到子宫角前端30～40cm处。

赵尚吉等研究，测定了13头枫泾小母猪，初情期日龄均为135.3（113～176）d，体重平均为20.5（16～29）kg。

据胡承桂等报道，对金山县种猪场1975—1978年4年的生产记录统计，枫泾猪繁殖性能见表4-10。

表4-10　金山县种猪场1975—1978年4年的生产记录统计

胎次	窝数	窝产仔数（头）	窝产活仔数（头）	断奶仔猪数（头）	断奶窝重（kg）
1	93	13.8±0.35	13.7±0.36	13.2±0.20	263.4±6.22
2	74	15.8±0.43	14.2±0.34	13.3±0.26	289.0±7.41
3	68	17.4±0.45	15.3±0.36	13.5±0.24	298.1±7.80
4	40	18.4±0.57	15.7±0.44	14.1±0.22	349.9±10.78
5	37	19.9±0.51	16.4±0.44	13.5±0.32	316.1±12.26

据金山区种畜场2004—2006年对11头公猪、10头母猪的生产记录的统计，公猪75日龄、母猪68.9日龄性成熟；公猪240日龄、母猪206日龄初配。母猪发情周期20.5d，妊娠期114d；窝产仔数16头，窝产活仔数14.9头；初生窝重14.93kg；仔猪35日龄断奶重7.12kg。与《中国猪品种志》记载的1977—1980年（601窝）窝产仔数16.41头、窝产活仔数14.13头比较，基本接近。

第二节　种猪选择与培育

一、种猪饲养管理

（一）种公猪

养好种公猪的关键，在于合理饲养、科学管理和正确使用有机地结合。

1. 合理饲养　种公猪的日粮饲喂量决定于其体重、配种负担和气温。一般为2.3～2.5kg，优质青料2kg。由于枫泾猪公猪性欲强、采食量不足，为保证精液质量，需适当提高日粮中 CP 水平，每千克配合饲料含 DE 12.13～12.56 MJ、CP 16 %以上，动物性饲料 3%～5%，并补加适量添加剂。配种旺季前一个月，还要加强营养，严寒季节在非配种期基础上增加 10%～20%。

2. 科学管理　保持圈舍通风干燥、清洁、阳光充足，着重搞好运动和炎夏季节的防暑降温。目前，多采用跑道式运动场，每天自由运动 0.5～1h，以促进食欲，增强体质，提高配种能力。防暑降温主要采取搭凉棚、绿化、凉水冲淋等办法。

3. 正确使用　种公猪的初配月龄，以性成熟程度，参考月龄和体重来确定。一般为 6～8 月龄，体重 60～80kg。幼龄公猪每周采精 2～3 次；成年公猪正常情况下隔天采精 1 次。配种旺季在高营养水平下可连续采精 5d，休息 1d。一般种公猪使用年限为 4～5 年。

（二）种母猪

由于枫泾猪长期培育于气候温和、雨量充沛、四季常青、农作物以麦稻为主的人口稠密地区，精料以大麦、稻谷、糠麸为主，青料以青草、蔬菜叶和水生饲料为主，辅以南瓜、胡萝卜等多汁的能量饲料，精料紧缺，因而形成了食粗和耐低营养水平的特性。

1. 空怀、妊娠母猪的饲养管理　母猪在空怀和妊娠前期多以低营养水平饲养，日给混合料 1.0～1.2kg，以粥料形式投予，并大量投喂青饲料，料青比 1∶（3～5）。产前一个月的妊娠后期，在妊娠前期日粮基础上，增投精料 25%～35%，以保证胎儿的迅速增重和母猪产前适量的营养储备。同时，保持适当的青料投喂量，防治便秘和产后食欲不佳。在管理上，前期采用 2～4 头一栏的小群饲养或单栏饲养，后期常单栏饲养以防挤压。

2. 死胎及其防止措施　枫泾猪的死胎率有时高达 10%～15%，其原因可因细小病毒、伪狂犬病毒感染、霉菌毒素中毒和气喘病、疥癣虫病、母猪贫血等造成分娩前死胎。特别是 4 胎以上的母猪，随着胎次增加，产仔数增多，产程延长，使胎儿在分娩过程中造成窒息死亡。因此，需进行防疫注射、驱虫、避免用霉变饲料饲喂母猪、预防母猪贫血等工作，还需根据生产记录及时淘汰高死胎母猪和老龄母猪，切实做好分娩监护、产程记录、适时催产和助产工作。

3. 哺乳母猪的饲养管理

（1）一般饲养管理技术　根据维持和哺乳带仔数的营养需要，供给充足而全价的饲粮，以保证哺乳母猪泌乳潜力的发挥，满足仔猪的营养需要。同时，也是防止泌乳期过度失重而影响以后胎次繁殖性能的重要措施。

哺乳期由于带仔多，一般为13～14头，多达16～18头，其营养需要量是妊娠期的2～3倍，每千克饲粮应含DE 12.13 MJ、CP 14 %，并注意供给矿物质、维生素。逐步过渡到正常饲喂量，日提供混合精料3.5～5kg，做到日粮的优质、多样、稳定，饲喂均衡，精青比控制在1∶（1.5～2）；产后4～5d内控制饲喂量，防止消化不良。断奶前要适当减料，防止乳房炎的发生。

（2）哺乳期失重　母猪哺乳期失重，是指母猪产后3d时体重与断奶时体重之差。母猪哺乳期失重的程度，是以母猪哺乳期失重占母猪产后体重的百分率，即失重率表示。失重率是反映母猪哺乳期营养生理调节机能的一个重要特征。枫泾猪母猪哺乳期哺育仔猪多，泌乳性能好，在日粮营养供给不足的情况下，善于以失重来补偿泌乳的营养需要。在哺乳期60d正常失重率达15%～25%的情况下，断奶后可以按时发情、配种受胎、迅速复膘，并能保持正常的产仔数，远远超过国外猪种允许失重率8%～12%的范围。这与枫泾猪母猪基础代谢较低、沉积脂肪能力较强有关，因此，枫泾猪母猪哺乳期具有耐较大失重的特征，所以，在安排母猪哺乳期营养供给量时，应考虑其失重可能补偿的营养量。据测算，在正常失重情况下，可节省精料15%～20%，并且能在断奶后以大量青饲料搭配少许精料条件下，迅速复膘，这是枫泾母猪节粮型饲养的宝贵特性之一。

如果母猪哺乳期日粮营养水平过低，精料量少，质量差，哺乳期失重高达35%以上时，会造成母猪发情受胎率不高，产仔数降低，哺乳母猪泌乳能力差，影响繁殖潜力的充分发挥，严重的话，会导致瘦母猪综合征。据Brendemuhl（1986）试验表明，由蛋白质摄入量不足引起的泌乳期动用体贮蛋白质，与能量摄取量不足引起的脂肪组织分解，前者对再发情的影响更为严重。

（3）哺乳期发情配种及其控制　枫泾母猪哺乳期发情占全群的25%～40%，第一次发情在产后2～14d，发情不明显，一般不能正常排卵受孕。第二次发情多出现在产后22～35d，能正常排卵、配种受孕，不影响产仔数。一般情况下，母猪由于发情对采食量和泌乳量稍有影响，产后第二次发情越早，影响越大。个别母猪由于发情不安，采食量大减，泌乳量减少，可引起所带仔猪患缺乳性腹泻。

为提高繁殖频率，除利用哺乳母猪在产后20d左右自然发情配种受胎外，还可采用人工隔乳胀乳法，人为控制哺乳母猪发情。该法是将哺乳15～20d的母猪，白天赶至公共饲喂场，仔猪留原圈，母猪定时回原圈放乳，并逐渐延长放乳间隔时间，使母猪胀乳，夜间母仔同宿，一般经3～7d，母猪便可发情配种，配种后母猪赶回原圈继续哺乳。为促使母猪及时发情配种，在隔乳胀乳的同时可加强母猪的饲养，促使胀乳作用更甚，并利用异性刺激，赶公猪诱情，同时针对人工诱情发情持续期长的特点，适当后延输精时间并增加复配次数，以提高受胎率。

（三）后备猪的培育

1. 后备公猪的培育　枫泾猪公猪性成熟早，性欲旺盛，3月龄后爬跨频繁，此时如采食量不足，会使其发育受阻。因此，种猪场在培育小公猪时，饲养管理上都采用如下措施：

（1）及早分群，小群饲养　一般断奶后，公母分群，每群2～4头，避免与母猪接触，保持环境安静。

（2）采用全价配合饲料，适当的精青比　要求每千克配合饲料含DE 12.13～12.55 MJ，CP 16 %，精青比1∶（0.7～0.8）。配合饲料喂量按体重15～25kg、25～40kg、40～60kg分别占体重的5%～4%、4.5%～3.5%、4%～3%，并根据体重和青料质量灵活掌握。

（3）加强运动，增加光照　促使肢蹄发育，提高食欲，增加采食量。

（4）适时调教采精　为避免后备公猪相互爬跨，引起不安，4月龄后的公猪开始单圈饲养，5～6月龄开始调教采精，以后1～2周采精1次。

2. 后备母猪的培育　在保证后备母猪3～4月龄正常生长发育的前提下，5月龄至初配前要适当控制生长速度，降低营养水平（为肉猪75%～80%），充分利用枫泾猪食粗性和耐低营养水平饲养的特点，尽量多投给青饲料，以增大其采食量和促进消化道的充分发育。防止营养水平过高、青料饲喂不足所造成的体躯伸展发育不够、增重过快、体态过肥，给繁殖性能带来不良影响；同时，也要防止后备猪过早地低营养水平培育，造成发育不良，影响终身的生产成绩。

二、种猪等级评定

（一）种猪必备条件

种猪必备条件如下：①体型外貌品种特征；②生殖器官发育正常，有效乳头数16个以上；③无遗传疾患，健康状况良好；④来源和血缘清楚，档案系谱记录齐全。

（二）种猪评定标准

种猪按60日龄、120日龄和成年三个阶段分级评定。

1. 60日龄仔猪合格评定　①双亲的等级评定均不低于三等；②个体体重不低于10kg。

2. 120日龄后备种猪等级评定　①后备种猪应符合种猪必备条件；②120日龄后备种猪的等级评定以体重（m）为依据，划分为特等、一等、二等和三等（表4-11）。

表4-11　120日龄后备种猪等级评定标准

等级	后备种猪体重（m）
特等	≥38
一等	34～38
二等	32～34
三等	27～32

3. 成年种猪的等级评定标准

（1）参加评定的种猪，应是通过120日龄评定为二等以上的公猪和三等以上的母猪。

（2）种母猪的等级评定，以窝总产仔数和窝产活仔数的综合指数（I）为标准，指数计算公式为：

$$I = \frac{\text{窝总产仔数} + \text{窝产活仔数}}{2} \times \mathrm{L}$$

式中　I——综合指数；

L——胎次的校正系数（1 胎为 1.33，2 胎为 1.08，3～7 胎为 1.00，8 胎以上为 1.17）。

（3）种公猪的等级评定，用至少 5 头与配母猪的平均成绩计算。

（4）等级评定标准：在母猪妊娠期日粮含消化能 11.42～12.12MJ/kg、粗蛋白 12%～12.5%，泌乳期日粮含消化能 11.83～12.43MJ/kg、粗蛋白 14%～14.5%的条件下，按综合指数高低分为特等、一等、二等和三等（表 4-12）。

表 4-12　成年种猪等级评定标准

等级	综合指数（I）
特等	$I \geqslant 17$
一等	$17 > I \geqslant 16$
二等	$16 > I \geqslant 15$
三等	$15 > I \geqslant 14$

三、种猪选留标准

（1）各阶段评定等级不低于三等。

（2）按规定程序免疫，健康无病。

（3）种猪系谱及档案资料齐全。

第三节　种猪性能测定

生产性能测定，是猪育种中不可缺少的最基本的工作。通过科学、系统、规范化测定，可以为猪个体遗传评估、估计遗传参数、评定群体生产水平、改善饲养管理、制定经营管理措施、猪群开发利用等提供主要信息。

一、测定原则

1. 测定性状　尽量根据经济价值、生物学特性以及遗传价值来确定性状。猪的外形性状、数量性状、生化性能乃至分子标记性状数不胜数，不可以盲目、简单地追求过多的性状，重点应从实现性状改良目标着手。

2. 测定方法　无论采用哪一种方法，均要求利用测定方法所获得的数据具有足够精确性、广泛适用性。这样既可以达到科学性，又能具有可比性。因为测定方法的广泛运用，还可以降低测定成本，提高经济效益。

3. 测定次数　根据重复力确定。一般而言，至少测定 3 次。

4. 测定期限　对于育种群而言，每个世代都应该按照育种要求所需测定的目标性状进行。同时，对于特定试验可根据研究需要确定。

二、猪的繁殖性能

1. 初产日龄　母猪头胎产仔时的日龄。

2. 窝间距　两次产仔之间的间隔天数。

3. 总产仔数　母猪一窝所产的全部仔猪数，包括死胎、产后即死和木乃伊。

4. 产活仔数　产仔后 24h 内存活的仔猪数。

5. 断奶仔猪数　断奶时一窝中存活的仔猪数。

6. 初生窝重　仔猪初生时，一窝仔猪的总重量。

7. 断奶窝重　断奶时一窝仔猪的总重量。

8. *PSY*　每头母猪每年所能提供的断奶仔猪头数。计算方法为：

$$PSY=\text{母猪年产胎次}\times\text{母猪平均窝产活仔数}\times\text{哺乳仔猪成活率}$$

9. *MSY*　每年每头母猪出栏肥猪头数。计算方法为：

$$MSY=PSY\times\text{育肥猪成活率}$$

10. *LFY*　每年每头母猪产仔窝数，又称胎指数。计算方法为：

$$LFY=(365-NPD)/(\text{妊娠期}+\text{哺乳期})$$

式中　*NPD*——非生产天数。

三、生长性能

1. 一定体重的日龄　计算公式为：

$$\text{达 75kg 日龄}=\text{结束日龄}-\frac{[\text{结束体重(kg)}-75\text{kg}]}{\text{日体重(g)}}\times 1000$$

2. 平均日增重　可用恒定体重范围的平均日增重（*ADGw*）或恒定时间内平均日增重（*ADGt*）。*ADGw* 是指参加测定的猪必须达到固定的体重才能入试；*ADGt* 是指按规定的时间来决定测定猪何时入试、何时结束测定的结果。入试时间一般定为断奶日龄。*ADGw* 和 *ADGt* 统称为 *ADG*。

$$ADG=\frac{W_f-W_b}{t_f-t_b}$$

式中 t_f——测定结束时日龄；

t_b——测定开始时日龄；

W_f——测定结束时体重；

W_b——测定开始时体重。

简而言之，这是绝对生长的一种具体应用。

四、胴体性状

1. 宰前活重 宰前空腹24h用磅秤称取，单位为kg。

2. 胴体重 在猪放血、煺毛后，用磅秤称取去掉头、蹄、尾和内脏（保留板油和肾脏）的两边胴体重量，单位为kg。去头部位在耳根后缘及下颌第一条自然皱褶处，经枕寰关节垂直切下。前蹄的去蹄部位在腕掌关节，后蹄在跗关节。去尾部位在尾根紧贴肛门处。

3. 平均背膘厚 将右边胴体倒挂，用游标卡尺测量胴体背中线肩部最厚处、最后肋、腰荐结合处三点的脂肪厚度，以平均值表示，单位为mm。

4. 皮厚 将右边胴体倒挂，用游标卡尺测量胴体背中线第6～7肋处皮肤的厚度，单位为mm。

5. 眼肌面积 在左边胴体最后肋处垂直切断背最长肌，用硫酸纸覆盖于横截面上，用深色笔沿眼肌边缘画轮廓，用求积仪求出面积，单位为cm^2。

6. 胴体长 将右边胴体倒挂，用皮尺测量胴体耻骨联合前沿至第一颈椎前沿的直线长度，单位为cm。

7. 胴体剥离及皮率、骨率、肥肉率、瘦肉率的计算 将左边胴体皮、骨、肥肉、瘦肉剥离，剥离时，肌间脂肪算作瘦肉不另剔除，皮肌算作肥肉不另剔除，软骨和肌腱算作瘦肉，骨上的瘦肉应剥离干净。剥离过程中的损失不高于2%。将皮、骨、肥肉和瘦肉分别称重，各部分重量占总重的百分率即为该部分的比例。

五、肉质特性

1. 肌肉pH 宰后45min肌肉的pH（pH1），是反映肌肉糖原酵解速度和强度的最重要指标。国际上通常都以猪宰后腰段背最长肌pH1 5.6作为判定正常肉和异常肉的分界标准，凡pH低于5.6者判为劣质的PSE肉（惨白、柔软、渗水）。

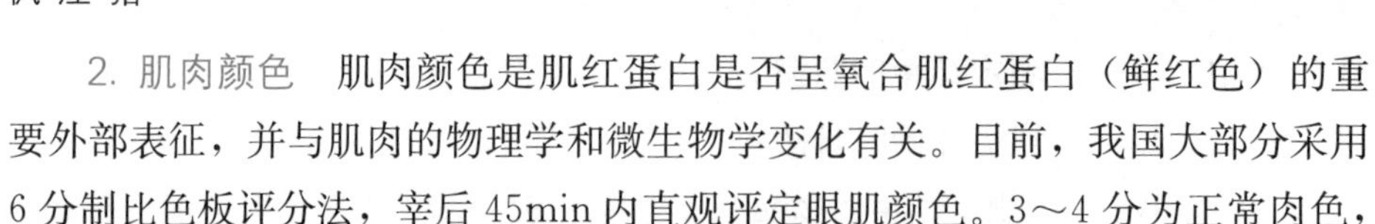

2. 肌肉颜色　肌肉颜色是肌红蛋白是否呈氧合肌红蛋白（鲜红色）的重要外部表征，并与肌肉的物理学和微生物学变化有关。目前，我国大部分采用6分制比色板评分法，宰后45min内直观评定眼肌颜色。3～4分为正常肉色，1分为PSE肉，2分为轻度PSE肉，5分为轻度DFD肉，6分为DFD肉。

3. 肌肉失水率　我国是采用重量压力法（35kg压力，保持5min）测定一定面积、一定厚度肉样加压后失去水分重量的百分率，称失水率，用以间接反映肌肉系水率。肌肉失水率越高，系水率越低。肌肉系水率是猪宰后肌肉蛋白质结构和电荷变化的极敏感指标，直接影响肌肉的加工和贮存损失，具有重要的经济意义。

4. 肌肉熟肉率　这是衡量肌肉在加热过程中蛋白质变性凝固所失去水分重量的程度，也是消费者十分关心的一个实用指标。具体做法是：取臀肌一块称重后放入沸水锅中隔水蒸煮，在2 000W电炉上蒸45min后挂起晾干30min再称重，两次称重之差，用煮前重除之，再乘100%即可。

5. 肌肉大理石纹　肌肉大理石纹是表征眼肌内可见脂肪的分布和含量的一个很形象化的指标。适度的肌肉脂肪含量，可使熟肉具有嫩度感和多汁感。目前，我国大多数单位采用美国的5分制标准大理石纹标准图进行眼肌直观评分。3分最好，1分和5分最差。

6. 肌纤维数　在显微镜一定视野内或放大倍数的情况下，肌纤维数越多，表明肌肉结构越致密，肌纤维越细，烹饪后口感越细嫩。

7. 肌纤维直径　这是表示肌肉细嫩的重要指标，并与肌纤维数相辅相成，表示肌肉结构致密的指标之一。

8. 肌纤维间距和肌束间距　肌肉组织中在肌纤维间和肌束间都有一定间隙，这里除结缔组织外，也是贮存脂肪的场所。适度的脂肪沉积，可使肌肉细嫩多汁，但间隙过大，会使肌肉疏松，或者脂肪沉积过多，使猪肉口感过分油腻。肌纤维间隙和肌束间隙大小，是取腰段眼肌切片，经染色后在显微镜450倍视野下用测微尺测量所得。

9. 肌肉蛋白质含量　肌肉内除含70%左右水分外，主要含蛋白质，这是肌肉营养优劣的主要指标。

10. 肌肉粗脂肪含量　肌肉中适度粗脂肪含量，是表示肌肉嫩度和多汁的主要指标，并且脂肪酸又是肌肉风味的物质基础之一，因此，粗脂肪又是肌肉风味的重要指标。

第四节　选配方法

一、选育方法的演变

枫泾猪以前属于太湖猪的一个地方类群，其选育具有悠久历史。据史料记载，明代以前，产区各地农民就重视选种，特别重视选择具有高繁殖力的母猪，这与产区农业发达、农副产品丰富、具备饲养母猪的条件，而饲养母猪的经济效益又比饲养肉猪为高等因素有关。浙江省嘉兴一带农民早有选择乳头多、后躯宽广的高产母猪留种经验和“公看前胸、母看后腚”等选种谚语。到明代时已有“母猪一胎可育仔十四头”的历史记载。上海市金山、松江一带农民，也素有选择乳头多的高产母猪留种，并从高产母猪后代中留种继代的习惯。当地农民对猪种的体型外貌和生长快的肉用性能给予重视，曾有“头大颈子细，越看越生气”“腿短长腰身，赛过真黄金”“前开会吃，后开会长”“勤吃傻睡长大膘”等选种谚语，这反映了他们在猪种选择上的丰富经验，不仅根据静止的体型外貌，而且还根据行为特点和机能形态进行选种。到明代时嘉兴一带就有“肉猪一年饲养两槽，一头肉猪饲养六个月可得白肉 90 斤”（折 53.55kg）的历史记载。

早年长江下游和太湖流域一带农民，除重视母猪高繁殖力和肉猪生产快的选择外，还要求猪肉的皮要厚而软，以适应当地人民喜吃蹄髈的要求，这就形成早期的体大、皮厚、结构疏松、额部皱褶深而多的猪种，即大花脸猪。

19 世纪中期，太湖流域西部又引进了属华北型的小型淮猪，后演变成另一个体型小、头长而尖、腹部下垂、臀部尖削、体形像米粒，群众称之为米猪的猪种。该猪种扩散到邻县，与大花脸猪等当地猪种进行各种形式杂交，同时各地农民根据各自的肉食习惯、饲养条件、农作制度和积肥方式，对猪种的体型和性能的选择有一定差异，遂形成现在既具有高产的共同特征，又在体型外貌上略有差异的多种地方类群。由此可见，以高产著称的太湖猪，是产区劳动人民祖祖辈辈长期选育的劳动产物，并且形成一套以选择母猪高产特性为主的独特母猪选育方法。

但是，所采用的根据体质外形的“相”猪方法，仍存在不少缺点：①精确性较低，需时太长，已不适应生产发展对猪种改良的要求；②掺杂着一些迷信因素，应予摒弃，如嘉兴一带农民喜选“寿”字头比较“吉利”，实际上“寿”字头猪皮厚骨粗，生产性能也不及“马面头”猪高。此外，传统的选育条件也需改进，如果以粗饲料为主，适当搭配单一品种精饲料，营养不太全面，特别是所喂的糠麸和水生饲料等，磷多钙少，不利于骨骼发育，因而形成太湖猪四肢软弱、皮厚肚大、性情迟钝、积脂能力强等，与现代市场需求不相适应的缺点；同时，在当时封建社会小农经济的分散饲养条件下，选种既没有统一的计划和目标，也没有客观标准，主观和偏爱在选种占很大比重，因而造成太湖流域各地方品种间体型多态、个体性能差异较大的格局。

新中国成立以后，党和人民政府重视优良地方畜禽品种资源的保存和提高，太湖猪被列为全国重点保存的优良猪种之一。20 世纪 60～70 年代，产区各地组织力量进行品种资源普查，并先后建立农村保种基地和县、乡级种猪场，如上海市嘉定、金山、松江等县种猪场，开展了系祖建系法的选育工作，在选种方法上又开始重视生产性能的选择，因而品种均匀度和各项生产性能都有了较快的提高。

1973 年，许振英在广东省召开的全国猪育种经验交流会上介绍了近代国外兴起的先进选育方法——群体继代选育，后来又通过广东大花白猪的选育实践证明：采用这种选育方法进行肉用性能选育，具有遗传进展较快、群体均匀度高等优点，也证明其理论基础——数量遗传是正确的。其中，遗传力（h^2）理论阐明：个体选择时，h^2 高的性状能取得较快的遗传改进，对 h^2 低的性状遗传进展缓慢，因而选择存在一定的盲目性，遗传改进不及群体继代选育快。20 世纪 70 年代中期开始，太湖猪产区的部分种猪场采用了稍加改进使之适合地方猪种选育特点的群体继代选育法，如浙江省嘉兴市双桥农场、嘉善县桑苗良种场、平湖县农牧场、江苏省无锡市的第二种猪场。有些正在开展系祖建系法的种猪场，也吸取群体继代选育法的某些特点，如一年一世代加快遗传改进速度，实行多父本交配防止选育群近交系数上升过快等。群体继代选育法的使用，有力地加快了太湖猪选育工作的进程。

到 20 世纪 80 年代中期，为配合国家“中国瘦猪肉新品种培育”研究课题的开展，江苏、上海、浙江的有关单位，开展了以太湖猪为母本的杂交育种工作，选育方法以群体继代选育为基础，又改进了选择方法，即个体生产性能测定和同胞性能测定相结合的选择方法，以提高选择的精确度。

1986年开始，为拯救为数很少的优良类群小梅山猪，从群体血缘较近的现实出发，采用了近交系选育，以进一步提高其纯度和某些生产性能，强化杂种优势效果，这为保种和选育相结合的选育方法探索出一条新途径。

二、选育方法

20世纪50年代后期，太湖流域不少县都先后建立了县、乡级种猪场，上海市还建立了种猪性能测定站，为太湖猪的选育提高创造了良好的条件。仔选育方法上，从古老的体质外形“相”猪法逐步改进演变，到70年代后，一些重点种猪场因地制宜，基本采用五种选育法：系祖建系法、群体继代选育法、系祖建系和群体选育相结合的选育法、近交系选育法和新品系选育法。其中，种猪场每年也开展良种登记，有效地提高了太湖猪的生产性能。各猪场或公司普遍采用的新品系建系方法有系祖建系法、近交建系法和群体继代选育法。

（一）系祖建系法

1. 选择系祖　作为建系的系祖必须具有独特稳定遗传的优点，同时，在其他方面还符合选育群的基本要求。为能准确地选择优秀的种公猪为系祖，最好运用后裔测定，确认它能将优良性状稳定地传给后代，且无不良基因。

2. 合理选配　为了使系祖的特点能在后代巩固和发展，在选配时采用同质选配，甚至有时可连续采用高度近交，与配母猪性能优良。

3. 加强选择　要巩固优良的系祖类型，需要加强系祖后代的选择和培育，选择最优秀的个体作为继承者，继承者应力求选择公猪，以迅速扩大系祖的影响。

综上所述，系祖建系法实质上就是选择和培育系祖及其继承者，同时进行合理的选配，以巩固优良性状并使之成为群体特点的过程。该方法简单易行，群体规模小，性状容易固定。

（二）近交建系法

1. 建立基础群　基础群的公猪不宜过多，公猪间力求是同质并有一定的亲缘关系，最好是后裔测定证明的优秀个体。母猪数越多越好，且应来自已经生产性能测定的同一家系。

2. 高度近交　利用亲子、全同胞或半同胞交配，使优秀性状的基因迅速纯合，以达到建系目的。当出现近交衰退现象，应暂时停止高度近交。

3. 合理选择　选择时不宜过分强调生活力，最初几个世代强化选择，往往因杂合子生命力强而中选，那将导致杂合子频率增高而不利于纯化。

近交系一般是指近交系数在37.5%以上的品系，有的国家甚至还规定可达50%，所以建立近交系成本高，风险大。

（三）群体继代选育法

1. 基础群建立　基础群建立，就是按照建系目标，把具有品系所需要的基因汇集在基础群中。基础群的建立方法有两种：一种是单性状选择，即选出某一突出性状表现好的所有个体构成基础群；另一种是多性状选择，但不强调个体的每一个性状都优良，即对群体而言是多性状选留，而对个体只针对单性状。基础群应有一定数量的个体，如果基础群的数量少，除了降低选择强度，还会使近交系数上升，导致群体衰退。

2. 闭锁繁育　在基础群建立后，必须对猪群进行闭锁繁育，即在以后的世代中不能引入其他外血，所有后备猪都应从基础群后代中选择。闭锁后，一定会产生一定程度的近交，为避免高度近交，一般以大群闭锁为好，使近交程度缓慢上升。

3. 严格选留　对基础群后代要进行严格的选择，选种时要适当考虑各家系留种率。选择标准和选择方法每代相同，鉴于此，称之为继代选育法。由于建系过程中选择目标始终一致，这样就使基因频率朝着一个方向递增。

群体继代选育法由于从基础群开始采用闭锁群内随机交配，近交系数上升缓慢，遗传基础丰富，对继代种畜的选留比较容易，所以培育成功率高于其他建系法。

三、选育实例（系祖建系法）

1. 建系步骤和方法

（1）选择优秀系祖　通过对全场70头枫泾公母猪的综合评定，选出0号、10号公猪2头和母猪11头，再通过杂交配合力测定（繁殖性能和生长发育），筛选出性能最佳的0号公猪作为系祖。

（2）组建基础母猪群　以综合评定挑选出 11 头母猪作基础群。这 11 头母猪都是与系祖相似特性的优良个体，其中，以 1300 号和 116 号母猪的性能最佳。

（3）加强选种　以系祖为样板，实行多留精选，提高选择强度，公猪留种比例为（8～10）：1，母猪留种比例为（3～4）：1。对优秀亲本组合的后代实行窝选，对一些特别优秀的亲本组合，在其后裔实行连续多代的窝选。窝选时综合家系选择和家系内选择的一种选种方法，可迅速提高群内优秀个体的比例。具体方法是：在一窝仔猪中除留出后备公猪外，全部小母猪都留种观察，在培育过程中除淘汰个别生长发育差和患病个体外，养到 6 月龄进行日增重和体型外貌等的综合鉴定，合格者留种，其他淘汰。据松江县畜牧兽医站统计，1975—1982 年 320 头初配猪种来自不同档次窝选猪的比例。

到选育后期，该场放弃窝选，代之以个体选择，目的是丰富群体的血缘关系，延续和发展一些母族群。

此外，该场选种还注意母猪胎次，实行第一胎杂交，从第二胎开始，根据前胎产仔 10 头以上仔猪整齐度高、乳头发育好等表现，选出优良母猪进行纯繁，从纯繁后代中选留种猪。这是我国劳动人民长期采用的留种办法，对提高繁殖性状的选择准确性和后备猪的生长发育很有成效。以该场 1979 年为例，上半年选留了 24 头后备猪，第一胎杂交，第二胎选出 5 头、第三胎 4 头、第四胎 7 头母猪进行纯繁，其他母猪均杂交。从纯繁后代中选留种猪（表 4-13）。

表 4-13　初配猪中来自不同档次窝选的比例

每窝选出头数	1	2	3	4	5	6	7	合计
共选窝数（窝）	46	47	21	14	7	2	2	139
不同来源猪总数（头）	46	94	63	56	35	12	14	320
不同来源猪比例（%）	14.37	29.37	19.69	17.5	10.94	3.75	4.38	100

（4）适当近亲繁殖　近亲繁殖时系祖建系的重要技术措施，目的是尽可能集中系祖的优良遗传特性。但近亲繁殖，特别是嫡亲繁殖会迅速提高群体近交系数使其上升过快，乃近亲繁殖的关键所在。一般是采用早期用同胞交配，以后转为亲子间、同胞间、半同胞间相混的亲缘交配。如 1978—1980 年，后备母猪共产 139 窝，有 137 窝是近亲交配的，其中，嫡亲交配 46 窝，

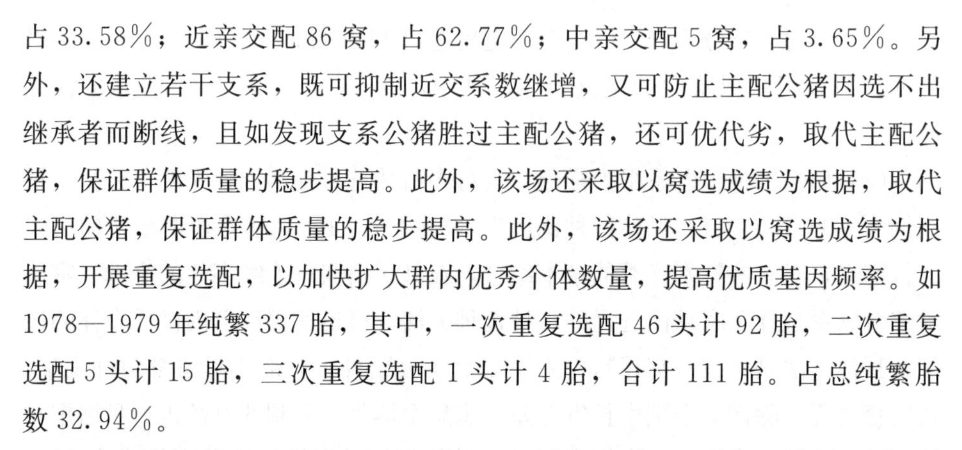

占33.58%；近亲交配86窝，占62.77%；中亲交配5窝，占3.65%。另外，还建立若干支系，既可抑制近交系数继增，又可防止主配公猪因选不出继承者而断线，且如发现支系公猪胜过主配公猪，还可优代劣，取代主配公猪，保证群体质量的稳步提高。此外，该场还采取以窝选成绩为根据，取代主配公猪，保证群体质量的稳步提高。此外，该场还采取以窝选成绩为根据，开展重复选配，以加快扩大群内优秀个体数量，提高优质基因频率。如1978—1979年纯繁337胎，其中，一次重复选配46头计92胎，二次重复选配5头计15胎，三次重复选配1头计4胎，合计111胎。占总纯繁胎数32.94%。

（5）选择继承者　鉴于挑选与系祖完全一样的继承者很难，挑选全面超过系祖的公猪更难。该场采取兼职支系的办法，要求支系公猪分别继承系祖的优良品质。这种建立支系继承系祖优点的办法，是洞泾乡种猪场的系祖选育法获得成功的重要因素。

2. 选育效果

（1）到1983年时，已建立了具有8头公猪、101头生产母猪、24头后备猪的杂交群体。这个群体的公猪种有来自系祖的0号公猪与同质优秀母猪1300号相配的后裔：5世代1头，6世代5头，7世代2头。母猪群中包含4个母族群：1300号母族有生产母猪66头，后备母猪13头；116号母族有生产母猪21头，后备母猪4头；103号母族有生产母猪6头，后备母猪6头；24号母族有生产母猪8头，后备母猪1头。到1976年下半年，初配母猪全部为近交个体。

（2）1976—1982年，579窝纯繁记录统计，总产仔数有提高趋势，但活产仔数、初生窝重、断乳窝重没有明显提高（表4-14）。

表4-14　选育群历年繁殖性能比较

年份	窝数	产仔数（头）	产活仔数（头）	初生窝重（kg）	双月断奶窝重	
					窝数	窝重（kg）
1976	94	15.18	13.29	10.67	57	202.63
1977	81	14.33	12.68	9.89	54	192.90
1978	120	15.93	13.66	10.90	78	197.44
1979	111	15.23	13.35	10.79	76	216.97
1980	61	14.62	12.61	9.99	37	190.27

（续）

年份	窝数	产仔数（头）	产活仔数（头）	初生窝重（kg）	双月断奶窝重	
					窝数	窝重（kg）
1981	50	15.86	12.76	9.95	37	196.36
1982	62	18.18	13.85	10.22	45	203.36

（3）系祖（主配公猪）的繁殖成绩优于次配公猪繁殖成绩。主配公猪所配132窝，平均产仔数15.76头，产活仔数13.92头，初生窝重11.41kg，断乳窝重218.33kg；次配公猪所配266窝，依次为：14.94头（$P>0.05$）、12.97头（$P<0.05$）、10.34kg（$P<0.01$）。证明系祖能提高群体的繁殖性能和优良基因频率。

重复选配不仅能增加群体优良个体比例，而且能稳定提高猪群生产成绩。据1978年秋和1979年春两个繁殖季节中第一次配和二次重复配所产后代母猪的繁殖成绩比较：产仔数14.37头和15.92头（$P>0.05$），产活仔数12.71头和13.72头（$P>0.05$）。证明重复配所产后代的繁殖性能比较高而稳定，可提高和维持猪群在一个较高生产水平线上。

3. 注意要点

（1）系祖选育法是从品种群体中挑选出优秀的个体（一般是公猪）作系祖，通过中亲交配的近交形式，使后代与系祖保持一定亲缘关系，并积累和纯合其系祖的优秀品质，不断提高群体中继承系祖优秀品质的个体比例。但由于这种建系方法只要求后代（继承者）与优秀祖先保持一定联系，而不考虑近交程度。因此，如不及时进行新的品系繁育，系祖的优秀后代随机与非亲缘个体配种最大限度只能保留优秀祖先遗传潜能的1/4，依次选配，优秀祖先的遗传影响不断被“冲淡”，经过3～4代，基本可以从群中消失，全群的生产水平不再提高。因此，需要及时进行系间杂交、分化，选择出更具特色的优秀个体，建立品质更优的品系。

（2）洞泾乡种猪场选择优秀系祖是采用对全场猪的综合评定与杂交配合力测定（只限于繁殖性能和生长发育）相结合的办法挑选的，并采取窝选，亲子、同胞、半同胞、亲交等措施建立支系，全面继承系祖的优点，建成新品系。实际上系祖建系方法多种，各场可因场制宜选用其中某一种合适的方法，不拘一格。

（3）系祖建系成功的关键是选择好优秀的系祖，不仅要看其本身性能，还

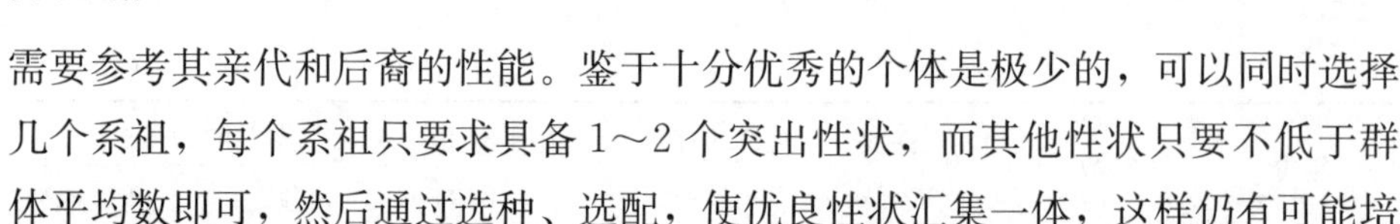

需要参考其亲代和后裔的性能。鉴于十分优秀的个体是极少的，可以同时选择几个系祖，每个系祖只要求具备1～2个突出性状，而其他性状只要不低于群体平均数即可，然后通过选种、选配，使优良性状汇集一体，这样仍有可能培育出优良品质。

（4）系祖建系的优点在于对选育基础群的规模并无严格要求，方法也比较简便，一般较小规模的种猪场都能做到。其缺点为：以一头系祖为中心群建系，遗传基础狭窄，掌握不好，易造成近交衰退。所建品系的性能也不可能超过系祖水平。

第五章
枫泾猪营养需要与常用饲料

枫泾猪是在长期的青饲料为主、适当搭配精料的低营养水平条件下培育而成的，从而形成了食粗性和耐受低营养水平饲养的特性。由于高繁殖力、同胎仔猪数多、仔猪初生重小、母猪泌乳性能好，因而具有哺乳期失重较多、断奶后复膘迅速等特点。因此，在种猪、后备猪的饲养管理和仔猪培育上，需要采取一系列相应的技术措施。

第一节　营养需求

一、消化代谢特点

枫泾猪的耐粗性表现为食粗性、抗饥饿能力强和耐低营养水平日粮等方面。

二、种公猪的营养需要

种公猪的营养需要决定于其体重和配种负担。一般在配种前一个月，在饲养标准基础上增加 20%～25%；在冬季严寒期，在饲养标准基础上增加 10%～20%。

成年枫泾猪公猪的平均体重以 150kg 计算，日需要量为维持的 1.34 倍，配种期又在日需要基础上增加 20%～25%。

$$维持需要\ DE\ (MJ/d) = 0.418\,6W^{0.75} = 17.94$$

$$日需要\ DE\ (MJ/d) = 17.94 \times 1.34 = 20.04$$

$$配种期需要\ DE\ (MJ/d) = 20.04 \times 1.20 = 28.85$$

种公猪的饲粮按每千克含 DE12.55MJ、CP16%计，在配种任务繁重时，

可适当提高饲粮中CP水平。

三、种母猪的营养需要

1. 妊娠母猪的营养需要　据研究，对26头枫泾母猪连续三胎观察，在妊娠期均用两种营养水平进行比较，第一胎在妊娠全期采用同一定量，第二、三胎则分为前期（1～84d）、后期（84d以后），给量前低后高，冬季补加御寒需要，各胎不同营养水平妊娠期的营养需要，分别按前、后期和全期的日获DE，并按下列公式计算维持和增重以及每千克增重所需DE：

维持需要DE（MJ/d）$=0.376\ 7W^{0.75}$

用于增重DE（MJ/d）＝日获DE－维持DE

每千克增重需要DE（MJ/d）＝增重/日增重

得出以下规律：

（1）妊娠前期由于增重主要是母猪本身的增长，即头胎母猪本身的生长，经产母猪的复膘，增重中干物质比例高。妊娠后期主要是子宫内容物的增重，包括胎儿、胎水和子宫的增长，所含水分较多。所以，妊娠前期每千克增重所需DE均较后期为高。

（2）妊娠后期为使母猪有较高的日增重，保证胎儿良好发育，在产前1个月内，每天供给消化能应在妊娠前期基础上增加25%～30%。

（3）第三胎高水平组产仔生产效果最好，说明妊娠前期日给DE24.21MJ、后期日给DE32.08MJ、全期平均日给DE26.21MJ的水平，对活重120kg的枫泾母猪在夏季完全可满足其需要。如只要求母猪净增重25kg，则前期日给DE21.77MJ已足够，后期日给DE28.05MJ即可获得高生产水平。

（4）冬季御寒补加量。根据几批饲养试验结果的分析，母猪在冬季欲保持一定的体温，所需维持需要应比夏季为高。若以夏季维持需要DE为$0.376\ 7W^{0.75}$，则按夏季生产需要用公式$E=aW^{0.75}+bG$来推算，冬季母猪维持需要DE应为$0.460\ 5-0.502\ 3W^{0.75}$kg，方能满足御寒需要。

或者说，需要在一般定量标准基础上，增加15%～20%的能量方能满足冬季御寒之需。

2. 哺乳母猪的能量需要　哺乳母猪的能量需要是由维持需要加泌乳需要构成。泌乳需要决定于乳量和乳质，并由维持加产乳需要量，日粮所提供的能量用体质增耗加以调节，达到三者的平衡。

在维持需要 DE 按 0.376 7$W^{0.75}$kg 计算的情况下，枫泾哺乳母猪的能量需要可按以下参数：

每产 1kg 乳需生产 DE 6.907MJ；

母猪失重 1kg 可节省 DE 21.14kJ；

哺乳母猪带仔 1 头需生产 DE 3.977～4.395MJ。

妊娠期使用含 CP12%日粮和哺乳期使用含 CP14%的日粮，可获得正常的繁殖成绩和生产效果。

四、后备猪的营养需要

1. 能量需要　按维持＋增重计算，维持能量需要的计算公式：

$$DE\ (MJ) = (0.523\,25 \pm 0.146\,5)\ W^{0.75}$$

增重部分能量需要的计算公式：

$$Y = (3.687 + 0.052\,24X) \times 4.186$$

式中　Y——每千克增重所需的 DE；

　　X——后备猪的体重。

2. 各阶段饲粮的能量浓度与粗蛋白水平　安排顺序是从高到低，前期与仔猪相连接，后期接近妊娠母猪。前、中期和后期每千克饲粮 DE 分别为 12.55MJ 和 12.14MJ，前、中、后期 CP 分别为 16%、14%、13%。

3. 后备猪与生长肉猪营养需要的区别　在理论上两者没有本质区别，而后备猪应在中、后期通过适当控制营养，拉大骨架，限制其生长速度，防止过肥对繁殖带来的不良影响（表 5-1 至表 5-5）。

表 5-1　枫泾猪连续 3 胎妊娠试验结果分析

项目		第一胎（夏）高水平 14 头	第一胎（夏）低水平 12 头	第二胎（冬）高水平 10 头	第二胎（冬）低水平 10 头	第三胎（夏）高水平 8 头	第三胎（夏）低水平 9 头
妊娠前期（1～84d）	日获 DE（MJ）	26.12	21.98	25.66	23.98	24.21	21.78
	平均活重（kg）	100	97.5	108	112.7	118	119.7
	日需维持需要 DE（MJ）	11.92	11.69	12.62	13.03	13.49	13.63
	能用于增重的 DE（MJ）	14.20	10.29	13.04	10.95	10.72	8.15
	共增重/日增重（kg）	34.75/0.44	29.33/0.349	32.15/0.383	24.3/0.289	34.25/0.408	25.83/0.308
	每千克增重需 DE（MJ）	34.30	29.48	34.05	37.89	26.27	26.46
妊娠后期（85～114d）	日获 DE（MJ）	26.12	21.98	39.77	36.13	32.08	29.18
	平均活重（kg）	123.6	116.5	134	133.65	144.2	128.2
	日需维持需要 DE（MJ）	13.96	13.36	14.84	14.81	15.68	14.35
	能用于增重的 DE（MJ）	12.16	8.63	24.93	21.32	16.40	14.83
	共增重/日增重（kg）	12.4/0.476	8.71/0.335	20.1/0.773	17.6/0.677	16.94/0.652	17.06/0.656
	每千克增重需 DE（MJ）	25.54	25.75	32.24	31.48	25.15	22.60
妊娠全期	日获 DE（MJ）	26.12	21.98	29.36	27.18	26.21	23.63
	平均活重（kg）	106	102	118	121.5	127.1	128.2
	日需维持需要 DE（MJ）	12.47	12.08	13.50	13.79	14.26	14.35
	能用于增重的 DE（MJ）	13.65	9.90	15.86	13.39	11.95	9.27
	共增重/日增重（kg）	47.15/0.429	38.04/0.345	52.25/0.475	41.9/0.381	51.19/0.465	42.89/0.390
	每千克增重需 DE（MJ）	31.83	28.71	33.39	35.14	25.69	23.77
母猪净增重（kg）		32.86	26.33	30.45	25.20	32.25	25.78
产仔数/产活仔数（头）		12.5/11.36	11.5/8.83	15/14	15.8/14.6	16.75/15.25	15/13.56
初生窝重/均重（kg）		9.66/0.85	7.06/0.80	13.18/0.94	12.0/0.86	14.63/0.96	12.74/0.94

表 5-2 每产 1kg 乳所需生产 DE

组别	平均活重（kg）	平均日获 DE（MJ）	维持需要 DE（MJ）	可用于生产的 DE（MJ）	平均日泌乳量（kg）	每产 1kg 乳需生产 DE（MJ）	平均日失重（kg）
低水平（6）	120.0	61.02	13.66	47.36	7.79	6.08	0.293
高水平（7）	120.5	69.47	13.66	55.81	8.10	6.89	0.016
1 胎（10）	106.5	51.85	12.49	39.36	6.00	6.56	0.263
2 胎（7）	117.2	59.48	13.42	46.06	7.21	6.39	0.308
3 胎（8）	129.4	57.61	14.45	43.16	8.07	5.35	0.267

表 5-3 枫泾母猪乳品质测定结果

测定时期	粗蛋白（%）	粗脂肪（%）	乳糖（%）	实测热能值（MJ/kg）
临产时	14.41	6.51	2.91	6.84
产后 6h	10.19	8.59	3.14	6.07
产后 12h	7.66	4.38	2.90	4.57
20 日龄	3.86	4.45	5.62	3.88
40 日龄	4.55	4.63	5.44	3.96

表 5-4 按每生产 1kg 乳需生产 DE6.907MJ 计算所需生产 DE

组别	维持需要 DE（MJ）	日泌乳量（kg）	日需生产 DE（MJ）	共需 DE（MJ）	日实得 DE（MJ）	尚缺少 DE（MJ）	平均日失重（kg）
低水平（6）	13.66	7.79	53.81	67.47	61.02	6.45	0.293
高水平（7）	13.66	8.10	55.95	69.61	69.47	0.14	0.016
1 胎（10）	12.49	6.00	41.44	53.93	51.85	2.08	0.263
2 胎（7）	13.42	7.21	49.80	63.22	59.48	3.74	0.308
3 胎（8）	14.45	8.06	55.67	70.12	57.61	12.51	0.267
合计（38）	13.47	7.33	50.61	64.08	59.16	4.91	0.230

表 5-5 不同带仔数每带仔 1 头需要的生产 DE

带仔数	平均日泌乳量（kg）	每产 1kg 乳需生产 DE 6.907MJ	每带仔 1 头需生产 DE（MJ）
8（1）	4.834	33.39	4.17
9（1）	5.59	38.61	4.29
10（6）	6.07	41.93	4.19
11（2）	6.95	48.00	4.36

（续）

带仔数	平均日泌乳量（kg）	每产1kg乳需生产DE 6.907MJ	每带仔1头需生产DE（MJ）
12（9）	7.98	55.12	4.59
13（9）	7.41	51.18	3.94
14（7）	7.72	53.32	3.81
15（3）	8.10	55.95	3.73

五、仔猪的营养需要

仔猪的营养需要，包括维持需要加增重的生长需要。

以60kg体重为基点，系数为0.502 3。即在60kg时，每千克代谢体重的维持需要DE0.502 3MJ，每减少1kg活重，系数增加0.003 14，因此维持需要DE公式：

$$维持需要DE（MJ）=代谢体重×系数$$

$$20kg活重维持需要DE（MJ）=0.627\ 9W^{0.75}$$

$$10kg活重维持需要DE（MJ）=0.659\ 3W^{0.75}$$

$$10kg活重以下维持需要DE（MJ）=0.669\ 8W^{0.75}$$

仔猪的能量需要量测定可通过其吮乳量、耗料量测定，同时，对所哺育仔猪定期称重、按窝平均吮乳量和耗料量计算DE采食量，除以平均每窝全期增重，即得每千克增重所需能量。

据报道，对38头枫泾母猪及其仔猪的测定，按批计算，包括仔猪维持需要在内，每千克增重需DE21.29～24.64MJ，平均为22.69MJ（表5-6）。

表5-6　仔猪每千克增重所需DE的计算

组别	每窝仔猪平均共得				每窝仔猪共增重（kg）	每千克增重需DE（MJ）
	仔猪料（kg）	青料（kg）	乳（kg）	共得DE(MJ)		
高水平	221.63	73.08	485.89	4 924.77	221	22.28
低水平	223.06	76.02	467.35	4 874.78	220	22.16
一胎	135.84	42.33	358.45	3 252.97	132	24.64
二胎	210.05	—	432.81	4 470.51	210	21.29
三胎	212.66	—	483.92	4 705.24	203	23.18

对哺乳期不同营养水平测定泌乳量的13窝仔猪共180头，根据不同活重

分阶段计算其日获 DE、平均日增重、维持需要和每千克增重需 DE 等。

结果显示，仔猪 10kg 活重以下，每千克增重约需生产 DE9.209MJ，10kg 以上每千克增重约需生产 DE14.65MJ。如按体重阶段日需 DE 计，则 1～5kg、5～10kg 和 10～20kg 分别为 3.014MJ、5.860MJ 和 12.139MJ，均低于 NRC（1988）的 3.558MJ、6.530MJ 和 13.521MJ（表 5-7）。

表 5-7 仔猪不同活重阶段每千克增重需 DE 的计算

项目	高水平组（99 头）			低水平组（81 头）		
	1～5kg	5～10kg	10～17kg	1～5kg	5～10kg	10～17kg
日获 DE（MJ）	2.959	5.810	11.507	3.022	5.973	12.102
日增重（g/d）	148.5	299	472	157	318	467
每千克增重需 DE（MJ）	19.93	19.43	24.38	19.25	18.78	25.91
维持 DE（MJ）	1.515	2.943	4.475	1.599	3.156	4.642
供增重 DE（MJ）	1.444	2.867	7.032	1.423	2.817	7.46
每千克增重需生产 DE（MJ）	9.72	9.59	14.90	9.06	8.86	15.97

第二节 常用饲料与日粮

猪是杂食动物，有发达的臼齿、切齿和犬齿。胃是肉食动物的简单胃与反刍动物的复杂胃之间的中间类型，既具有草食兽的特征，又具备肉食兽的特点。此外，猪具有坚强的鼻吻，嘴筒突出有力，吻突发达，能有力地掘食地下块根、块茎饲料。因此，采食的饲料种类多，来源广泛，因而能充分利用各种动植物和矿物质饲料。饲料为猪提供生长发育、繁殖、生产所需要的营养物质和能量，是发展养猪生产的物质基础。生产中，饲料成本占总成本的 70%左右。因此，科学合理地生产和利用好饲料，努力提高饲料转化率，既关系到养猪生产潜力的发挥，也关系到猪场经济效益高低。为了给不同生产阶段的猪配制营养物质平衡和经济适用的饲料，必须熟悉猪常用饲料的营养特点、饲用特性等。

为了应用方便，结合国际饲料命名和分类原则及我国惯用的分类法，饲料分为八大类，即粗饲料、青绿饲料、青贮饲料、能量饲料、蛋白质饲料、矿物质饲料、维生素饲料和添加剂饲料。八大类饲料中，猪常用饲料主要有能量饲料、蛋白质饲料、矿物质饲料、维生素饲料和添加剂饲料。另外，粗饲料、青绿饲料也可在猪一阶段日粮中进行适量喂给。

一、粗饲料

粗饲料是指饲料天然水分含量在45%以下、干物质中粗纤维含量大于或等于18%的一类饲料。该类饲料包括干草类、农副产品类（农作物的荚、蔓、藤、壳、秸、秧等）、树叶类、糟渣类。

1. 秕壳　秕壳是指农作物种子脱粒或清理种子时的残余副产品，包括种子的外壳和颖片等，如砻糠（即稻谷壳）、麦壳，也包括二类糠麸，如统糠、清糠、三七糠和糠饼等。

2. 荚壳　荚壳类饲料是指豆科作物种子的外皮、荚皮，主要有大豆荚皮、蚕豆荚皮、豌豆荚皮和绿豆荚皮等。与秕壳类饲料相比，此类饲料的粗蛋白质含量和营养价值相对较高，对牛羊的适口性也较好。

3. 藤蔓　主要包括甘薯藤、冬瓜藤、南瓜藤、西瓜藤、黄瓜藤等藤蔓类植物的茎叶。其中，甘薯藤是常用的藤蔓饲料，具有相对较高的营养价值，可用作喂猪饲料。

二、青饲料

此类饲料含叶绿素丰富，包括很多种类：牧草（天然和人工）、蔬菜、作物茎叶、树叶、水生植物等。

1. 牧草

（1）天然牧草　我国主要有禾本科牧草、芦苇、羊胡子草、黑麦草等；豆科牧草、苜宿等；菊科牧草、野艾、苦蒿等；莎草科牧草、莎草等。

（2）人工牧草　主要是豆科和禾本科类。豆科主要有苜蓿、三叶草、紫云英、苕子等；禾本科主要有苏丹草、象草及一些禾本科作物。

2. 青饲（刈）作物　利用农田栽培的农作物或饲料作物，在其结实前或结实期收割作为青饲料利用的饲料，常见的有青刈玉米。

3. 蔬菜类饲料　蔬菜是人类的食品，但也可大面积栽培作为家畜的优质青饲料。动物除了可利用蔬菜类饲料中人类可食用的部分外，还可利用人类不能利用的部分。此类饲料包括叶菜类、根茎和瓜类的茎叶，如甘蓝、白菜、油菜、竹叶菜、甜菜茎叶、牛皮菜、红薯藤、胡萝卜茎叶、南瓜叶等。

4. 水生饲料　水生饲料一般是指“三水一萍”，即水浮莲（水莲花、水白菜等），水葫芦（凤眼莲、小荷花、水绣花等），水花生（水苋菜、喜旱莲子草等）与绿萍（红萍、满江红等）。这类饲料具有生长快、产量高、不占耕地和利用时间长等优点，但不宜作为饲料工业的原料。

5. 树叶及其他　我国目前利用较多的是松针叶，农村较常用的是槐树叶。其他饲料主要是野生饲料。

三、能量饲料

猪常用的能量饲料主要有加工副产品、块根、块茎及瓜果饲料以及油脂和糖蜜。

1. 谷实类籽实　主要有玉米、小麦、大麦、高粱等。

2. 加工副产品　谷物类籽实加工副产品，主要有糠麸类和糟渣类。

3. 块根、块茎及瓜果饲料　常见的块根、块茎及瓜类饲料有甘薯、木薯、马铃薯、胡萝卜、饲用甜菜及南瓜等。

4. 油脂和糖蜜　糖蜜是制糖业的主要副产品之一，其主要成分是糖。油脂是能量含量最高的饲料，其能值为淀粉或谷实饲料的 3 倍左右。

四、蛋白质饲料

常见的蛋白质饲料主要有植物性蛋白饲料、动物性蛋白饲料等。

1. 植物性蛋白饲料　主要有豆类籽实、饼粕类豆等。

2. 动物性蛋白饲料　主要有鱼粉、肉粉、蚕蛹、奶制品、水解蛋白，其他动物产品如蚯蚓等。

五、矿物质饲料

补充钠：食盐、碳酸氢钠、硫酸钠等。

钙、磷类补充料：石粉、碳酸钙、轻质碳酸钙、磷酸氢钙、磷酸二氢钙等。

六、饲料添加剂

饲料添加剂常分为营养性添加剂和非营养性添加剂。

1. 营养性添加剂　主要包括合成氨基酸、矿物质微量元素盐类、维生素等。

2. 非营养性添加剂　主要有抗生素及其具有抗菌作用的其他物质：酶、激素、抗氧化剂、调味剂、保健剂、色素、乳化剂、黏结剂、抗结块剂、防腐剂等。

第三节　本品种的典型日粮配方

根据江苏省省级枫泾猪保种场（镇江牧苑动物科技开发有限公司种猪场）多年来的养殖实践经验和大量的试验对比分析，在满足各阶段枫泾猪营养需要和不影响枫泾猪正常生产性能的基础上，充分考虑到枫泾猪耐粗饲和耐低营养水平等因素，保种场制定了各阶段猪群的典型日粮配方。

种公猪日粮配方：玉米65%、麸皮4%、米糠4%、豆粕14%、鱼粉8%、磷酸氢钙1%、预混料4%；采精期间，每天加喂2个鸡蛋。

空怀母猪日粮配方：玉米56%、麸皮16%、米糠15%、豆粕4%、菜籽饼5%、预混料4%。

泌乳母猪日粮配方：玉米60%、麸皮8%、米糠8%、豆粕10%、菜籽饼6%、鱼粉4%、预混料4%。

保育猪日粮配方：玉米65%、麸皮5%、米糠7%、豆粕12%、菜籽饼4%、鱼粉3%、预混料4%。

育肥前期猪（后备猪）日粮配方：玉米65%、麸皮8%、米糠10%、豆粕7%、菜籽饼6%、预混料4%。

育肥后期猪日粮配方：玉米65%、麸皮8%、米糠10%、豆粕5%、菜籽饼8%、预混料4%。

第六章
枫泾猪饲养管理技术

第一节　分娩前后母猪的饲养管理

一、分娩前的准备

主要包括产房的准备、器具的准备及母猪的处理。

1. 产房的准备　准备的重点是保温与消毒，空栏一周后进猪。产房要求干燥（相对湿度60%～75%）、保温（15～20℃），阳光充足，空气新鲜。

2. 器具的准备　产前应准备好高锰酸钾、碘酒、干净毛巾、照明用灯，冬季还应准备仔猪保温箱、红外线灯或电热板等。

3. 母猪的处理　产仔前一周将妊娠母猪赶入产房，上产床前将母猪全身冲洗干净，驱除体内外寄生虫，这样可保证产床的清洁卫生，减少初生仔猪的疾病。产前要将猪的腹部、乳房及阴门附近的污物清除，然后用2%～5%来苏水溶液消毒，清洗擦干。

4. 临产征兆　行动不安，起卧不定，食欲减退，衔草作窝，乳房膨胀，具有光泽，挤出乳汁，频频排尿，阴门红肿下垂，尾根两侧出现凹陷。有了这些征兆，一定要有人看管，做好接产准备工作。

二、接产

母猪分娩的持续时间为30min到6h，平均为2.5h，出生间隔一般为15～20min。产仔间隔越长，仔猪就越弱，早期死亡的危险性越大。对于有难产史的母猪，要进行特别护理。母猪分娩时一般不需要帮助，但出现烦躁、极度紧张、产仔间隔超过45min等情况时，就要考虑人工助产。

1. 接产技术 包括以下几个方面：

（1）临产前应让母猪躺下，用0.1%的高锰酸钾水溶液擦洗乳房及外阴部。

（2）三擦一破，即用手指将仔猪的口、鼻的黏液掏出并擦净，再用抹布将全身黏液擦净，撕破胎衣。

（3）断脐，即先将脐带内的血液向仔猪腹部方向挤压，然后在距离腹部4cm处用细线结扎，而后将外端用手拧断，断处用碘酒消毒。若断脐时流血过多，可用手指捏住断头，直到不出血为止。

（4）及时吃上初乳，即在仔猪出生后10～20min内，应将其抓到母猪乳房处，协助其找到乳头，吸上乳汁，以得到营养物质和增强抗病力。同时，又可加快母猪的产仔速度。

（5）应将仔猪置于保温箱内（冬季尤为重要），箱内温度控制在32～35℃。

（6）做好产仔记录，种猪场应在24h之内进行个体称重，并剪耳号。种猪场在仔猪出生后要给每头猪进行编号，通常与称重同时进行。常见的编号方法有耳缺法、刺号法和耳标法。

2. 假死仔猪的急救 出生后不呼吸但心脏仍然在跳动的仔猪称为假死仔猪，必须立即采取措施使其呼吸才能成活。救活的方法如下：

（1）人工呼吸法，即将仔猪的四肢朝上，一手托着肩部，另一手托着臀部，然后一屈一伸反复进行，直到仔猪叫出声为止。

（2）在鼻部涂乙醇等刺激物或用针刺的方法。

（3）拍胸拍背法，即用左手倒提仔猪两条后腿。

（4）捋脐带法，即尽快擦净仔猪口鼻内的黏液，将头部稍高置于软垫草上，在脐带20～30cm处剪断；术者一手捏紧脐带末端，另一手自脐带末端捋动，每秒1次，反复进行不得间断，直至救活。一般情况下，捋30次时假死仔猪出现深呼吸，40次时仔猪发出叫声，60次左右仔猪可正常呼吸。特殊情况下，要捋脐带120次左右，假死仔猪方能救活。

3. 助产技术 难产主要是因为母猪过肥过瘦、胎儿过大、近亲繁殖、长期缺乏运动、产房嘈杂，使母猪精神紧张或母猪先天性发育不全等。

人工助产的方法如下：将指甲磨光，先用肥皂洗净手及手臂，再用2%来苏水消毒液或0.1%高锰酸钾将手及手臂消毒，涂上凡士林或油类；将手指捏成锥形，顺着产道徐徐伸入，触及胎儿后，根据胎儿进入产道部位，抓住两后肢或头部将小猪拉出：若出现胎儿横位，应将头部推回子宫，抓住两后肢缓缓拉出：若胎儿过大，母猪骨盆狭窄，拉小猪时，一要与母猪努责同步，二要摇动小猪，慢慢拉动。助产过程中，动作必须轻缓，注意不可伤及产道、子宫，待胎儿胎盘全部产出后，于产道局部抹上青霉素粉或肌注青霉素，防止母猪感染。

三、分娩前后的护理

(1) 临产前 5～7d，应按日粮的 10%～20%减少精饲料，并调配容积较大而带轻泻性饲料，可防止便秘，小麦麸为轻泻性饲料。而对产后体况差、乳少或无乳的，则应加强饲养，增喂动物性饲料或催乳药等。

(2) 分娩前 10～12h 最好不再喂料，但应满足饮水，冷天水要加温。

(3) 产后第一天基本不喂，但要喂热麸皮盐水等，第二天视食欲逐步增加喂量，但不应喂得过饱，且饲料要易消化，一周后恢复正常。日喂 3～4 次，喂量达 6kg/d 以上。在母猪增料阶段，应注意母猪乳房的变化和仔猪的粪便。若食欲下降，及时查找原因，尽快改善。主要是察看粪便，看是否便秘；察看外阴及乳房，看有无子宫炎、乳腺炎或其他疾患。对食欲缺乏的猪要对症治疗，并给予助消化的药品。

(4) 在分娩时和泌乳早期，饲喂抗生素能减少母猪子宫炎和分娩后短时间内偶发缺乳症的发生。

四、母猪生产瘫痪的处理

枫泾母猪产后易发生后躯知觉丧失，不能站起或站立或四肢瘫痪，但无外表损伤，似“产后瘫痪症”，大多发生在产后 3d 内，个别在分娩过程中或分娩前数小时发病，其原因是血钙过少和血糖过少，以及钙磷平衡失调，或是分娩时闭孔神经及髋关节受到损伤。可采取以下措施：产前在圈舍内厚铺褥草；饲料中添加钙剂；发病后静脉注射葡萄糖酸钙。

第二节　仔猪的培育

枫泾猪由于产仔数多，初生重偏小，母猪性情温顺，好静喜卧，因而在仔猪培育中形成了一些特殊的培育技术。

一、初生护理

早吃、吃足初乳，保温培育，防压，是初生护理、提高育成率的三项重要工作。首先要尽早辅助弱仔吃 2～3 次初乳，使全窝仔猪于生后 1～2d 内早吮、吮足初乳；对仔猪采用暖窝或保温箱进行仔猪培育，可起到预防疾病、促进生长、提高乳料利用率的效果，还能隔离母仔起到防压的作用。

二、匀窝、寄养、分批哺乳

枫泾猪经产母猪窝产仔数超过 20 头以上的约占 20%，即窝产仔数超过有效乳头数。为提高育成率，可采用匀窝、寄养的方法。具体做法：选择产期相近、健康无病、仔猪体重相近、母猪性情温顺、哺育性能好的母猪，寄养的仔猪吃过半天以上的初乳，用寄母乳汁或胎衣涂抹，混淆仔猪气味，促使认哺。在无寄母代乳时，可采用分批哺育法。方法是设两个圈，一是母猪带仔圈，另一个为带暖窝的仔猪补饲圈，将仔猪分批交叉哺育，第 1 周每隔 1～2h，第 2 周每隔 2～3h，第 3 周每隔 3～4h 轮换喂乳一次，在加强母猪营养、管理的同时，做好仔猪的早诱食、早补饲工作，均可获得较高的育成率。

三、哺乳期两次哺育技术的应用

据江苏省金坛县畜牧兽医站曹洪发等（1989）报道，金坛县群众在苗猪紧俏时，利用 3～5 胎母猪泌乳性能好的特点，在一个泌乳期内，连续带两窝（带二乳）或者三窝（带三乳）仔猪，以提高经济效益。方法是将母猪的亲生仔猪于 25～30 日龄提前断乳，并于断乳前 4～5d 暂时离乳，促使母猪发情，待配种后仔猪再吃乳 2～3d，使母猪泌乳恢复正常。然后将亲生仔猪隔乳，在母猪隔乳胀乳 0.5～1.0d 后，将已用烧酒或寄养母猪乳汁涂擦过的第二批乳猪寄入，促其相认（仔猪应是产后 3d 内吃过初乳、健康无病、膘情很好、会强力地吸吮）。个别弱仔要辅助哺乳，协助固定乳头，并做好各项初生护理工作。同时，加强母猪营养与管理，可获得良好效果，对下一个繁殖周期配种受胎率无影响。据对 94 窝经产母猪调查，采用两次哺育技术后，每头母猪平均带仔数由 33. 76 头提高到 52 头，大大提高了母猪的经济效益。

四、仔猪贫血和泻痢的预防

1. 仔猪贫血的预防　猪为多胎动物，枫泾猪更由于产仔数多，受胎盘结构的障隔，仔猪初生时体内铁贮较少，而生后生长发育快，对铁质的需要量多，乳中含铁量低，可再利用的铁质也不多。再加上近年来太湖猪饲养逐渐由软圈改为硬圈，几乎没有接触土壤的机会，仔猪更易发生缺铁营养性贫血，严重地影响仔猪育成率与断乳重。为预防仔猪贫血的发生，目前多采用生后 2～3d 和 2 周龄各肌注右旋糖酐铁 1 次。此法除可有效地防止仔猪贫血发生外，还有促进仔猪生长的作用。

2. 仔猪泻痢的预防　哺乳期仔猪泻痢对育成率和断乳重影响很大。根据太湖地区的养猪实践经验，泻痢的原因归纳有以下几种：①传染性，如黄痢、白痢等；②贫血性，缺铁营养性贫血所致；③母乳性，母猪膘情特好，精料型日粮引起乳汁过浓，使仔猪消化不良，母猪因吃变质饲料或患乳房炎时乳汁变质；④圈舍卫生条件不良、潮湿、寒冷、天气骤变；⑤饲料性，除仔猪饲料品质不良外，某些饲料蛋白质对仔猪成为抗原，使仔猪血液中产生抗体，刺激细胞释放出组胺，引起小肠炎症，并使小肠绒毛萎缩，发生抗原所致的过敏性泻痢，如生豆饼、鱼粉等饲料，其他如过量饲喂含脂肪多的米糠，可产生毒素的菜籽饼等；⑥饲养性，仔猪吃了变质剩料或喝了污水，更换饲料过快，断乳仔猪喂食过饱等。

预防仔猪泻痢，应以加强饲养管理和消毒、预防注射为主，治疗为辅。具体做法是：对仔猪黄痢要摸清病原，对产前 3 周的母猪肌注相应的菌苗，可有效地防止仔猪黄痢；产前彻底消毒场地和用具；仔猪实行保温培育；仔猪生后 3 日龄肌注铁剂防贫血；调整母猪膘情和日粮，提高母猪泌乳力；仔猪早饮水、早补料，补饲微量元素添加剂；搞好日常卫生防疫管理，防止各种由环境、饲料、饲养所引起的泻痢。

五、哺乳期妊娠与早期断乳相结合

窝育成仔数和育成重与年产仔窝数构成了母猪年生产力，即母猪年育成仔数和育成重。

哺乳期妊娠是太湖猪种质资源的宝贵特性之一。此种母猪身兼妊娠和哺乳，既可缩短产仔间隔，提高繁殖频率，又可使培育仔猪的乳、料并用，毋须用高营养水平的补料，可节约仔猪培育的饲料成本。据苏州市畜牧兽医站和苏州市太湖猪育种中心（1989）报道，他们在两个县种猪场内分别对哺乳期母猪和断乳后母猪进行配种，断乳后配种的受胎率提高 8.4 个百分点。母猪产仔数、产活仔数、断乳仔猪数和断乳窝重虽略低于断乳后配种的母猪群，但经显著性检验，差异均不显著（$P>0.05$）。

太湖猪产区的农户为缩短母猪平均繁殖周期，除采用哺乳期妊娠外，还充分利用其管理细致的优势，结合采用早补料、早断乳的方法。过去多用炒大麦或炒小麦，或投幼嫩青料诱食，继而以粥料辅助，近年来则补加糖、钙片、复合维生素和抗生素等添加剂，诱使仔猪早开食、早旺食，为早断乳打基础，仔猪断乳常采用一次性断乳去母留仔，仔猪原圈培育。苗猪集中产区的农户，可做到每头母猪繁殖频率 2.3～2.5 胎。国营种猪场 20 世纪 70 年代多采用 60 日龄断乳，80 年代以来随着对仔猪投料效益认识上的提高，仔猪补料营养水平和质量的改进，在仔猪断乳已由 45 日龄逐渐向 35 日龄断乳、去母留仔、加强饲养管理等综合性技术措施下，103 头母猪共繁殖 360 胎，平均繁殖周期缩短为 158.33d，母猪年产仔频率达 2.30 胎，胎产仔 16.35 头，活仔 15.10 头，母猪每个繁殖周期需料比 45 日龄断乳节省 37.15kg。由于缩短了哺乳期，减少了母猪失重，有利于母猪的发情和下阶段的繁殖。

第三节　保育猪的饲养管理

从断乳至 70 日龄左右的仔猪称断乳仔猪，也称保育猪。断乳对仔猪是一个应激，这种应激表现为：①营养改变，饲料由吃温热的液体母乳变成固体的生干饲料；②生活方式改变，由依靠母猪到独立生存；③生活环境改变，由产房转移到保育舍，并伴随着重新组群；④最容易受病原微生物的感染而患病。总之，断乳引起仔猪的应激反应，会影响仔猪正常的生长发育并易造成疾病。因此，必须加强断乳仔猪的饲养管理，以减轻断乳应激带来的损失，尽快恢复生长。

一、做好断乳工作

枫泾猪采用 30～35d 断乳比较合适。断乳方法主要有 3 种：

1. 一次断乳法　一般规模猪场采用此方法，即当仔猪达到预定断乳日龄时，将母猪隔出，仔猪留原圈饲养。此法由于断乳突然，易因食物及环境突然改变而引起仔猪消化不良，又易使母猪乳房胀痛、烦躁不安或发生乳腺炎，对母猪和仔猪均不利。应用此方法断乳较简便，注意加强对母猪和仔猪的护理，断乳前3d要减少母猪精饲料和青饲料量，以减少乳汁分泌。

2. 分批断乳法　具体做法是在母猪断乳前7d，先从窝中取走一部分个体大的仔猪，剩下个体小的仔猪数日后再行断乳，以便仔猪获得更多的母乳，增加断乳体重。缺点是断乳时间长，不利母猪再发情配种，一般农户养猪可以采取此法断乳。

3. 逐步断乳法　在断乳前4～6d开始控制哺乳次数，第一天让仔猪哺乳4～5次，以后逐步减少哺乳次数，使母猪和仔猪都有一个适应过程，最后到断乳日期再把母猪隔离出去。此法可避免母猪和仔猪遭受突然断乳的刺激，对母仔均有好处；缺点是管理较麻烦，增加工作量。

二、断乳仔猪的饲养

（一）过渡期

断乳的仔猪，应注意过渡期的饲养。

1. 饲料类型的过渡　刚断乳仔猪1～2周内不能立即换用小猪料，用乳猪料在原栏饲养几天后，转往保育舍转料需有一个过程，一般在一周内转完，采取逐步更换的方法（每天20%的替换率）。在转料过程中，一旦发现异常情况，需立即停止转料，直到好转后再继续换料。转料过程中注意提供洁净的饮水和电解质，注意添加预防性药物等。

2. 饲喂方法的过渡　在断乳后2～3d要适当控制给料量，不要让仔猪吃得过饱，每天可多次投料（4～5次/d，加喂夜餐，日喂量为原来的70%），防止因消化不良而腹泻，保证饮水充足、清洁，保持圈舍干燥、卫生。日粮组成以低蛋白质水平饲料为好（控制在19%以内），能有效地防止或减少腹泻，但要慎重，会影响长速。饲料中增加一些预防性的药物。注意饲料适口性，以颗粒或粗粉料为好。保证充足的饮水，断乳仔猪栏内应安装自动饮水器，保证随时供给仔猪清洁饮水。

3. 生活环境的过渡　不调离原圈、不混群并窝的“原圈培育法”。断乳时把母猪从产栏调出，仔猪留原圈饲养。饲养一段时间（7～15d），待采食及粪便正常后再进行并窝。集约化养猪采取全进全出的生产方式，仔猪断乳后立即转入仔猪培育舍，猪转走后立即清扫消毒，再转入待产母猪。断乳仔猪转群时一般采取“原窝培育”，即将原窝仔猪转入培育舍在同一栏内饲养。不要在断乳同时把几窝仔猪混群饲养，避免仔猪受断乳、咬架和环境变化引起的多重刺激。

（二）饲养方式

主要有网床饲养和微生物发酵床饲养。

1. 网床饲养　利用网床饲养断乳仔猪的优势如下：①仔猪离开地面，减少冬季地面散热的损失，提高饲养温度，在网床一侧地面增铺电热地暖，很好地解决冬季防寒保暖问题；②粪尿、污水能随时通过漏缝网格漏到网下，减少仔猪接触污染的机会，床面清洁卫生、干燥，能有效地遏制仔猪腹泻病的发生和传播。采用网床养育保育猪，提高仔猪的生长速度、个体均匀度和饲料利用率，减少疾病的发生。仔猪网床培育笼通常采用钢筋结构，离地面约 35cm，底部可用钢筋，部分面积可放置木板，便于仔猪休息，饲养密度一般为每头仔猪 0.3～0.4m^2。

2. 微生物发酵床饲养　应用微生物发酵床生态养猪技术，饲养保育猪的优势如下：

（1）发酵床生态技术养猪不需要对猪粪进行清扫，也不会形成大量的冲圈污水，没有任何废弃物、排泄物从养猪场排出，基本实现了污染物“零排放”标准。

（2）应用发酵床养猪能提高猪只的生长速度。试验表明，在发酵床上饲养的生猪比普通猪舍对照组的生猪具有明显的生长优势，平均日增重可提高30%以上。

（3）发酵床养猪能显著节约用水、用电，降低成本。试验表明，采用生物发酵床技术的规模养猪场一般可以节省饲料 10%左右。另外，通过发酵菌对粪尿的分解，既减轻了环保压力，又减少了粪污处理费用，垫料床养猪还可节约 80%的水，多方面节省饲养成本，提高养殖效益。应用微生物发酵床饲养保育猪，关键要做好发酵床的床体维护，确保稳定发酵；做好猪舍的通风，保持良好的猪舍环境；严格控制饲养密度，饲养保育猪一般每头猪 0.8～1.0m^2。

三、断乳仔猪的管理

断乳仔猪的管理涉及合理分群并窝、创造良好的圈舍环境、调教管理、防止咬耳咬尾、注射疫苗及驱虫、饲养效果观察等。

1. 合理分群并窝　断乳仔猪转群时一般采取原窝培育，即将原窝仔猪（剔除个别发育不良个体）转入保育舍，在同一栏内饲养。如果原窝仔猪过多或过少，需要重新分群，可按其体重大小、强弱进行并群分栏。将窝中的弱小仔猪合并分成小群进行单独饲养，合群仔猪会有争斗位次现象，可进行适当看管，防止咬伤。

2. 创造良好的圈舍环境　保育舍内温度应控制在22～25℃，在刚断乳时温度要提高2～3℃，甚至可达30℃，要做好冬季防寒保暖和夏季的防暑降温工作。保育舍湿度过大，会增加寒冷和炎热对猪的不良影响，潮湿有利于病原微生物的滋生繁殖，可引起仔猪多种疾病，保育舍适宜的相对湿度控制在65%～75%。安装自动饮水器，保证供给清洁饮水。断乳仔猪采食大量干饲料常会感到口渴，如供水不足会影响仔猪正常生长发育，还会因饮用污水造成腹泻等疾病。猪舍内外要经常清扫，定期消毒，杀灭病菌，防止发生传染病。仔猪出圈后，若是网床饲养，则可用高压水泵冲洗消毒，3d后再进另一批猪；若是微生物发酵床饲养，则可将垫料堆积，使其充分发酵，5～7d后再铺平进猪。对圈舍内粪尿等有机物及时清除处理，减少氨气、硫化氢等有害气体的产生，控制通风换气量，排除舍内污浊的空气，保持舍内空气新鲜。

3. 调教管理　新断乳转群的仔猪吃食、卧位、饮水、排泄点尚未形成固定位置，所以，要加强调教训练，使其形成理想的睡卧和排泄点。这样既可保持栏内卫生，又便于清扫。训练时排泄点的粪便暂不清扫，诱导仔猪来排泄，其他处的粪便及时清除干净。当仔猪活动时对不到指定地点排泄的仔猪，用小棍哄赶并加以训斥。当仔猪睡卧时，可定时轰赶到固定点排泄，经过一周的训练，可建立起定点睡卧和排泄的条件反射。断乳时温度要提高2～3℃，甚至可达30℃，要做好冬季的防寒保暖和夏季的防暑降温工作。

4. 防止咬耳咬尾　保育猪受企图继续吮乳、饲料营养不合理、饲养环境不良等因素影响会发生咬耳咬尾现象，此外“序列行为”和“争斗行为”也会引起。预防咬耳咬尾应注意以下几方面：消除使猪不适因素；注意及时调整日粮结构，使之全价；为仔猪设立玩具，分散注意力；断尾；慎用或不用有应激综合征的猪。

5. 注射疫苗及驱虫　保育猪进栏后按免疫程序做好猪瘟、三联、口蹄疫、猪蓝耳病、猪链球菌病的免疫接种工作，7～10d进行体内外驱虫。

6. 饲养效果观察　主要观察剩料情况、仔猪动态和粪便情况。

（1）观察饲槽中剩料情况　若在第二餐投料时食槽中还留有一点饲料，但量不多，说明上餐喂量适中；若槽中舔得精光，有湿唾液现象，则上餐喂量过少，要增喂；若明显过多剩料，下餐喂上餐的1/2量。

（2）观察仔猪动态　喂料前簇拥食槽前，叫声不断，应多喂；过5～6min，料已净仍在槽前抬头张望，可再加一些饲料；有部分仔猪在喂料前虽走至食槽前，但叫声少而弱，这时少喂些饲料。

（3）观察粪便色泽和软硬程度　初生仔猪，粪便呈黄褐色筒状，采食后，粪便为黑色粒状成串。断乳后3d，粪便变细颜色变黑属正常；粪便变软，色泽正常，喂料不加不减；粪便呈黄色，粪内有饲料细粒，说明喂量过剩，应减至上餐的80%，下餐增至原喂量；粪便呈糊状、淡灰色，并有零星粪便呈黄色，内有饲料细粒，这是全窝腹泻症状，要停喂一餐，第二餐也只能喂第一餐量的50%，第三餐要根据粪便状况而定。

第四节　育成育肥猪的饲养管理

枫泾猪商品肉猪主要是指以枫泾猪为母本，引入猪种为父本的二元、三元杂交商品猪。枫泾猪杂种优势明显，与瘦肉型公猪杂交后期体瘦肉多（52%左右）、生长速度快、抗病力强，其二元杂交母猪基本保持枫泾猪的高产特性，产仔达14头，生产的三元杂交商品猪瘦肉率可达56%以上。

从保育阶段结束，即70～75日龄时到上市阶段的猪都称为肉猪（育肥猪）。该阶段是绝对增重速度最快的时期，也是养猪经营者获得最终经济效益的重要时期。为此，要充分了解肉猪增重和体组织变化规律，了解影响肉猪增重的遗传、营养、饲养管理、环境和最佳屠宰体重等，采用现代饲养技术，提高日增重、饲料利用率、体瘦肉率，进行快速高效育肥，以达到降低生产成本、提高经济效益和适应市场需求的目的。

一、商品肉猪的生长发育规律

1. 体重的增长　枫泾猪二元、三元杂交的瘦肉型良种猪，可以获得最大的生长速度为：体重5～10kg阶段的日增重400g，10～20kg为700g，20～100kg达1 000g以上。

2. 体组织的增长规律　瘦肉型猪种体组织的增长顺序和强度是骨骼<皮<肌肉<脂肪，而地方猪种是骨骼<肌肉<皮<脂肪，说明脂肪是发育最晚的组织，脂肪一般有2/3储存于皮下。

3. 猪体的化学组成　随着猪体的组织及体重的增长，猪体的化学成分也呈规律性的变化，即随着年龄和体重的增长，水分、蛋白质和矿物质等含量下降。蛋白质和矿物质含量在体重45kg阶段以后趋于稳定，而脂肪则迅速增长。同时，随着脂肪量的增加，饱和脂肪酸的含量也增加，不饱和脂肪酸含量逐渐减少。

二、商品肉猪饲养品种（系）选择

1. 选好苗猪品种　不同品种或品系之间进行杂交，利用杂种优势，是提高生长育肥猪生产力的有效措施。研究表明，在枫泾猪的杂交利用中，效果较好的杂交组合有杜枫及长枫，这样的组合既有枫泾猪对粗纤维的高消化率，又能保持瘦肉型猪种对能量和蛋白质的高利用率，提高肉质。

2. 选择壮实、强大的个体　肋骨开张、胸深大、管围粗和骨骼粗成正比的猪饲料利用率高，胸深的猪背腰薄而瘦肉多。另外，初生重和断乳重越大的仔猪，育肥期越快，饲料利用率越高。因此，必须重视妊娠母猪的饲养管理和仔猪的培育。

3. 选择健康无病的个体　健康无病的特点：两眼明亮有神，被毛光滑有光泽，站立平稳，呼吸均匀，反应灵敏，行动灵活，摇头摆尾或尾巴上卷，叫声清亮，鼻镜湿润，随群出入；粪软尿清，排便姿势正常；主动采食。

三、商品肉猪的饲养

1. 适宜的饲粮营养水平　饲养水平是指猪一昼夜采食的营养物质总量，采食的总量越多，饲养水平越高。对猪育肥效果影响最大的是能量和蛋白质水平。

（1）能量水平　在蛋白质、氨基酸水平一定的情况下，一定限度内能量采食越多则增重越快，饲料利用率越高，沉积脂肪越多，体瘦肉率越低。故在兼顾育肥性能和体组成的变化时，能量水平必须适度。但不同的品种、类型、性别的猪都有自己的最适能量水平。为了防止体躯过肥，在育肥后期要实行限制饲养。

（2）蛋白质和必需氨基酸水平　前期（20～55kg）为16%～17%，后期（55～90kg）为14%～16%，同时要注意氨基酸含量。猪需要10种必需氨基酸，缺乏任何一种都会影响增重，赖氨酸、蛋氨酸和色氨酸的影响更为突出。当赖氨酸占粗蛋白质的6%～8%时，饲粮蛋白质的生物学价值最高。能蛋比在20～60kg时为23∶1，在60～100kg时为25∶1。

（3）矿物质和维生素水平　不可不用，也不可多用。钙磷比例为1.5∶1，食盐0.25%～0.5%。

（4）粗纤维水平　猪为单胃动物，对粗纤维的利用效率低，一定条件下，适当提高粗纤维含量可降低能量摄入，提高瘦肉率。

2. 育肥方式　包括吊架子育肥法、一条龙育肥法和前高后低的饲养方式。

（1）吊架子育肥法　也叫阶段育肥法。在较低营养水平和不良饲料条件下所采用的一种肉猪育肥方法。将整个过程分为小猪、架子猪和催肥三阶段进行饲养，目前使用较少。小猪阶段饲喂较多的精饲料，饲粮能量和蛋白质水平相对较高。架子猪阶段利用猪骨骼发育较快的特点，让其长成骨架，采用低能量和低蛋白质的饲粮进行限制饲养（吊架子），一般以青粗饲料为主，饲养4～5个月。催肥阶段则利用育肥猪易于沉积脂肪的特点，增大饲粮中精饲料比例，提高能量和蛋白质的供给水平，快速育肥。这种育肥方式可通过“吊架子”来充分利用当地青饲料等自然资源，降低生长育肥猪饲养成本，但它拖长了饲养期，生长效率低，已不适应现代集约化养猪生产的要求。

（2）一条龙育肥法　也叫直线育肥法。按照猪在各个生长发育阶段的特点，采用不同的营养水平和饲喂技术，在整个生长育肥期间能量水平始终较高，且逐阶段上升，蛋白质水平也较高，以这种方式饲养的猪增重快，饲料利用率高，这是现代集约化养猪生产普遍采用的方式。

（3）前高后低的饲养方式　在育肥猪体重达60kg以前，按一条龙育肥法，采用高能量、高蛋白质饲粮；在育肥猪体重达60kg后，适当降低饲粮能量和蛋白质水平，限制其每天采食的能量总量。

3. 饲喂方式　一般分为限量饲喂和自由采食两种。

限量饲喂主要有两种方法：①对营养平衡的日粮在数量上予以控制，即每次饲喂自由采食量的70%～80%，或减少饲喂次数；②降低日粮的能量浓度，把粗纤维含量高的粗饲料配合到日粮中去，以限制其对养分特别是能量的采食量。

若要得到较高日增重，以自由采食为好；若只追求瘦肉多和脂肪少，则以限量饲喂为好。如果既要求增重快，又要求体瘦肉多，则以两种方法结合为好。即在育肥前期采取自由采食，让猪充分生长发育，而在育肥后期（达55～60kg后）采取限量饲喂，限制脂肪过多地沉积。合理调制的饲料，可改善饲料适口性，提高饲料利用率，还可降低或消除有毒、有害物质的危害。

30kg以下幼猪的饲料颗粒直径以0.5～1.0mm为宜，30kg以上猪以1.5～2.5mm为宜。配合饲料一般宜生喂，各种青饲料也不宜煮熟。颗粒料优于干粉料。

4. 饲喂时间　从猪的食欲与时间的关系来看，猪的食欲以傍晚最盛，早晨次之，午间最弱，这种现象在夏季更趋明显。所以，对生长育肥猪可日喂3次，且早晨、午间、傍晚3次饲喂时的饲料量分别占日粮的35%、25%和40%。试验表明，在20～90kg期间，日喂3次与日喂2次比较，前者并不能提高日增重和饲料利用率。因此，许多集约化猪场采取每天2次饲喂的方法是可行的。

四、商品肉猪的管理

1. 合理分群　生长育肥猪一般采取群饲方法。分群时，除考虑性别外，应把来源、体重、体质、性情和采食习性等方面相近的猪合群饲养。根据猪的生物学特性，可采取“留弱不留强，拆多不拆少，夜并昼不并”的办法分群，并加强新合群猪的管理、调教工作，如在猪体上喷洒少量来苏水消毒液或乙醇，使每头猪气味一致，避免或减少咬斗的发生，同时可吊挂铁链等小玩物来吸引猪的注意力，减少争斗。分群后要保持猪群相对稳定，除对个别患病、体重差别太大、体质过弱的个体进行适当调整外，不要任意变动猪群。每群头数，应根据猪的年龄、设备、圈养密度和饲喂方式等因素而定。

2. 调教　猪在新合群或调入新圈时，要及时加以调教。重点要抓好两项工作：①防止强夺弱食，为保证每头猪都能吃到饲料并吃饱，应备有足够的饲槽，对霸槽争食的猪要勤赶、勤调教；②训练猪养成“三角定位”的习惯，使猪采食、睡觉、排泄地点固定在圈内三处（点），形成条件反射，以保持圈舍清洁、干燥，有利于猪的生长。具体方法是猪调入新圈前，要预先把圈舍打扫干净，在猪躺卧处铺上垫草，食槽内放入饲料，并在指定排便地点堆放少量粪便、泼点水。把猪调入新圈后，若有个别猪不在指定地点排便时，要及时将其

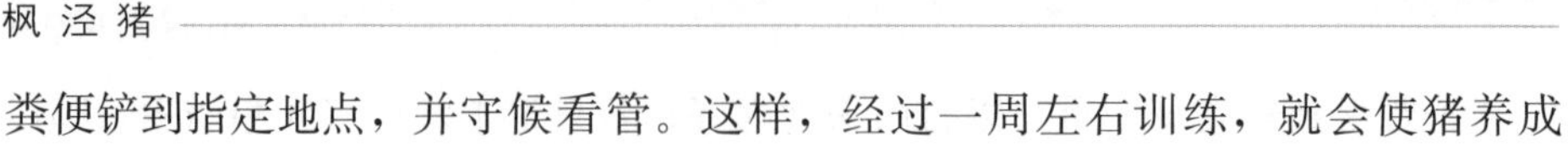

粪便铲到指定地点，并守候看管。这样，经过一周左右训练，就会使猪养成“三角定位”习惯。

3. 创造适宜的环境条件　适宜的环境条件包括以下几方面：

（1）温度和湿度　适宜环境温度为16～23℃，前期为20～23℃，后期为16～20℃。相对湿度以50%～70%为宜。

（2）圈养密度和圈舍卫生　圈养密度一般以每头猪所占面积来表示。15～60kg猪为0.6～1.0m^2/头；60kg以上猪为1.0～1.2m^2/头，每圈头数以10～20头为宜。猪舍要清洁干燥，空气新鲜，定期消毒。

（3）合理通风　换气气流以0.1～0.2m/s为宜，最大不要超过0.25m/s。在高温环境下，增大气流；在寒冷季节要降低气流速度，更要防贼风。

（4）光照　育肥猪舍内的光照可暗淡些，只要便于猪采食和饲养管理工作即可，使猪得到充分休息。

（5）噪声　噪声强度以不超过85dB为宜。

4. 适时屠宰　影响屠宰活重的主要因素如下：①适宜屠宰活重（期）受到日增重、饲料利用率、屠宰率、瘦肉率等生物学因素的制约；②消费者对体重的要求；③销售价格的影响；④生产者经济效益（利润）的影响，应考虑饲料、仔猪成本、屠宰率和胴体价格；⑤育肥类型、品种、经济条件和育肥方式。枫泾猪二元杂交商品猪一般以90～100kg为适宜屠宰活重。

5. 供给清洁而充足的饮水　必须供给猪充足的清洁饮水，符合卫生标准，采用自动饮水器较好；如果饮水不足，会引起食欲减退，采食量减少，使猪的生长速度减慢，严重者引起疾病。猪的饮水量随生理状态、环境温度、体重、饲料性质和采食量等而变化，一般在春秋季节其正常饮水量应为采食饲料风干重的4倍或体重的16%，夏季约为5倍或体重的23%，冬季则为2～3倍或体重的10%左右。猪饮水一般以安装自动饮水器较好，或在圈内单独设一水槽，槽内经常保持充足而清洁的饮水，让猪自由饮用。

6. 去势　农村养猪户多在仔猪35日龄、体重5～7kg时进行去势，集约化猪场大多提倡仔猪7～10日龄去势。其优点是易操作，应激小，手术时流血少，术后恢复快。

7. 防疫　制订合理的免疫程序，认真做好预防接种工作。应每头接种，避免遗漏，对从外地引入的猪，应隔离观察，并及时免疫接种。在集约化养猪生产中，仔猪在育成期前（70日龄以前）各种传染病疫苗均进行接种，转入生长育肥猪后到出栏前无须再进行接种。但应根据地方传染病流行情况，及时采血监测各种疫病的效价，防止发生意外传染病。

8. 驱虫　感染猪的寄生虫主要有蛔虫、姜片吸虫、疥螨和虱子等。通常在 90 日龄时进行第一次驱虫，必要时在 135 日龄左右时再进行第二次驱虫。驱除蛔虫常用驱虫净，每千克体重用 20mg，拌入饲料中一次喂服。驱除疥螨和虱常用敌百虫，配制成 1.5%～2.0%的溶液喷洒体表，每天 1 次，连续 3d。近年来，采用 1%伊维菌素注射液对猪进行皮下注射，使用剂量为每千克体重 400μg，对驱除猪体内、外寄生虫有良好效果。

第七章
枫泾猪疫病防控

第一节　生物安全

一、猪场的生物安全

生物安全体系是指采取必要的措施，最大限度地减少各种物理性、化学性和生物性致病因子对动物造成危害的一种动物生产体系，其总体目标是防止有害生物以任何方式侵袭动物，保持动物处于最佳的生产状态，以获得最大的经济效益。

生物安全体系是目前最经济最有效的传染病控制方法，同时也是所有传染病预防的前提。它将疾病的综合性防治作为一项系统工程，在空间上重视整个生产系统中各部分的联系，在时间上将最佳的饲养管理条件和传染病综合防治措施贯彻于动物养殖生产的全过程，强调了不同生产环节之间的联系及其对动物健康的影响。该体系集饲养管理和疾病预防为一体，通过阻止各种致病因子的侵入，防止动物群受到疾病的危害，不仅对疾病的综合性防治具有重要意义，而且对提高动物的生长性能、保证其处于最佳生长状态也是必不可少的。因此，它是动物传染病综合防治措施在现阶段养殖条件下的发展和完善。

生物安全体系的内容，主要包括猪群及其养殖环境的隔离、人员物品流动控制以及疫病控制等，即用以切断病原体传入途径的所有措施，包括猪场的选址与规划布局、环境的隔离、生产制度确定、消毒、人员物品流动控制、免疫程序、主要传染病的监测和废弃物的处理等。

1. 搞好猪场的卫生管理

（1）保持舍内干燥清洁，每天打扫卫生，清理生产垃圾，清除粪便，清洗刷拭地面、猪栏及用具。

（2）保持饲料及饲喂用具的卫生，不喂发霉变质或来路不明的饲料，定期对饲喂用具进行清洗消毒。

（3）保持舍内温暖干燥，适当通风换气，排出舍内有害气体，保持舍内空气新鲜。

2. 搞好猪场的防疫管理

（1）建立健全并严格执行卫生防疫制度，认真贯彻落实“预防为主、防治结合”的基本原则。

（2）认真贯彻落实严格检疫、封锁隔离制度。

（3）建立健全并严格执行消毒制度。消毒可分终端消毒、即时消毒和日常消毒，场舍门口设立消毒池，定期更换消毒液。

（4）建立科学的免疫程序，选用优质疫苗进行切实的免疫接种。

3. 做好药物保健工作　正确选择并交替使用保健药物，采用科学的投药方法，严格控制药物的剂量。

4. 严格处理病死猪　对病猪进行隔离观察治疗，对病死猪的尸体进行无害化处理。

5. 消灭老鼠和媒介生物

（1）灭鼠。老鼠偷吃饲料，一只家鼠一年能吃 12kg 饲料，造成巨大的饲料浪费。老鼠还传播病原微生物，并咬坏饲料袋、水管、电线、保温材料等，因此必须做好灭鼠工作。常用对人畜低毒的灭鼠药进行灭鼠，投药灭鼠要全场同步进行，合理分布投药点，并及时无害化处理老鼠尸体。

（2）消灭蚊、蝇、蜱等寄生虫或吸血昆虫，减少或防止媒介生物对猪的侵袭和传播疾病。可选用敌敌畏、低硫磷等杀虫药物杀灭媒介生物，使用时应注意对人、猪的防护，防止引起中毒。另外，在猪舍门、窗上安装纱窗，可有效防止蚊、蝇的袭扰。

（3）控制其他动物，猪场内不得饲养犬、猫等动物，以免传播弓形虫病，还要防止其他动物入侵猪场。

二、猪场消毒

消毒是指清除或消灭环境中的病原微生物及其他有害物质，达到预防和阻止疫病发生、传播和蔓延的目的。

（一）确定消毒时间

根据消毒目的和时间、区域，可分为预防消毒、紧急消毒和终末消毒。

1. 预防消毒（日常消毒） 为了预防各种疾病的发生，对猪场环境、圈舍、设备、用具、饮水等进行的常规性、长期性、定期或不定期的消毒工作；或对健康的动物群体或隐性感染的群体，在没有被发现有某种传染病或其他疾病的病原体感染的情况下，对可能受到某些病原微生物或其他有害微生物污染的环境、物品进行严格的消毒，称为预防性消毒。预防消毒是猪场的常规性工作之一，是预防猪的各种传染病的重要措施。另外，猪场的附属部门，如兽医室、门卫室、饲料仓库、水塔等的消毒均为预防性消毒。

（1）经常性消毒 消毒对象是接触面广、流动性大、易受病原体污染的器械、设施和出入猪场的人员和车辆等。在场舍入口处设消毒池和紫外线灯等，是最简易的经常性消毒方法；人员进出时，踏过消毒池内的消毒液以杀死病原微生物。消毒池应由兽医管理，定期清除污物，更换新配制的消毒液。另外，进场时人员经过淋浴、换衣、紫外线照射后，再进入生产区，也是一种行之有效的预防措施，即使对要求极严格的种猪场，淋浴也是预防传染病发生的有效办法。

（2）定期消毒 在未发生传染病时，为了预防传染病的发生，对于可能存在病原体的场所或设施，如圈舍、设备等进行定期消毒。当猪群出售猪舍空出后，必须对猪舍及设备设施进行全面清洗和消毒，以彻底消灭微生物，使环境保持清洁卫生。

2. 紧急消毒 在疫情暴发和流行过程中，对猪场、圈舍、排泄物、分泌物及污染的场所及用具等及时进行消毒，其目的是在短时间内，隔离消灭传染源排泄在外界环境中的病原体，切断传播途径，防止传染病的扩散和蔓延，把传染病控制在最小范围内；或当疫区有传染源存在时，如某一传染病正在某一地区流行时，针对猪群、猪舍环境采取的消毒措施，目的是及时杀灭或消除感染的病原体。

3. 终末消毒 终末消毒是指猪场发生传染病后，待全部病猪处理完毕后，即当猪群痊愈或最后一只病猪死亡后，经过 2 周再没有发生新的病例。在疫区解除封锁之前，为了消灭疫区内可能残留的病原体所进行的全面彻底消毒，即对被发病猪所污染的环境进行的全面彻底消毒。

（二）确定消毒方法

在猪场消毒过程中，采用的消毒方法分为物理消毒法、化学消毒法和生物消毒法。

1. 物理消毒法　应用物理因素杀灭或消除病原微生物的方法。猪场物理消毒法，主要包括机械性消毒法（清扫、擦抹、刷洗、高压水枪冲洗、通风换气等），紫外线消毒，高温消毒（干热、湿热、蒸煮、煮沸、火焰焚烧等）的方法。这些方法是较常见的简便经济的消毒方法，多用于猪场的场地、设备、各种用具的消毒。

2. 化学消毒法　利用酸类、碱类和福尔马林等化学药品进行消毒，称为化学消毒。石灰乳是最经济易得的常用消毒剂，为增强消毒效果，在实施上述消毒前，应先对消毒对象进行洗刷清扫，清扫后的消毒对象的传染源数量减少，从而使消毒剂更好地发挥作用。

采用化学药物（消毒剂）杀灭病原，是消毒中最常用的方法之一。理想消毒剂必须具备抗菌谱广、对病原体杀灭力强、性质稳定、维持消毒效果时间长、对人畜毒性小、对消毒对象损伤轻、价廉易得、运输保存和使用方便、对环境污染小等特点。使用化学消毒剂时，要考虑病原体对不同消毒剂的抵抗力、消毒剂的杀菌谱、有效使用浓度、作用时间、对消毒对象及环境温度的要求等。

3. 生物消毒法　对生产中产生的大量粪便、粪污水、垃圾及杂草采用发酵法，利用发酵过程所产热量杀灭其中病原体，是各地广泛采用的方法。可采用堆积发酵、沉淀池发酵、沼气池发酵等，条件成熟的还可采用固液分离技术，并可将分离的固形物制成高效有机肥料，液体经发酵后用于渔业养殖。此外，在搞好猪舍内外环境卫生消毒的同时，在场区内适度种植花草树木，美化环境。

（三）猪场消毒种类

1. 环境净化与消毒　包括车辆消毒（用3%～5%的来苏儿液或0.3%～0.5%的过氧乙酸溶液）、道路消毒（经常打扫卫生，每月用火碱溶液消毒1次）、场地消毒（及时消除猪粪、杂草等，凡堆放过的地方用0.5%的过氧乙酸溶液消毒）。

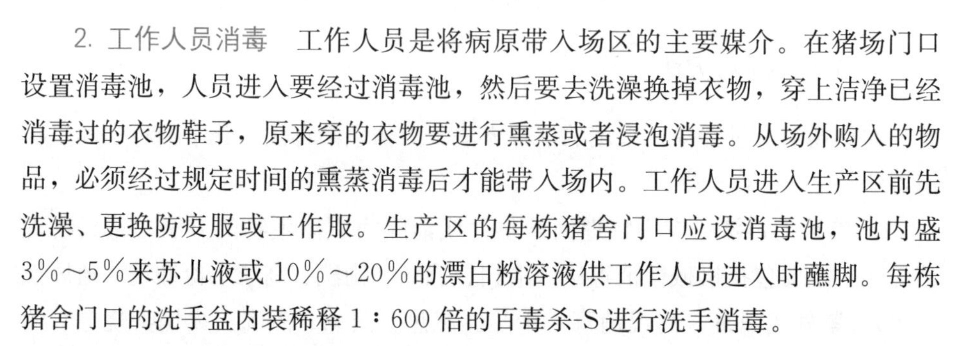

2. 工作人员消毒　工作人员是将病原带入场区的主要媒介。在猪场门口设置消毒池，人员进入要经过消毒池，然后要去洗澡换掉衣物，穿上洁净已经消毒过的衣物鞋子，原来穿的衣物要进行熏蒸或者浸泡消毒。从场外购入的物品，必须经过规定时间的熏蒸消毒后才能带入场内。工作人员进入生产区前先洗澡、更换防疫服或工作服。生产区的每栋猪舍门口应设消毒池，池内盛3%～5%来苏儿液或10%～20%的漂白粉溶液供工作人员进入时蘸脚。每栋猪舍门口的洗手盆内装稀释1∶600倍的百毒杀-S进行洗手消毒。

3. 猪舍消毒　包括清理、冲洗，待干燥后用0.5%的过氧乙酸溶液喷洒，再用熏蒸法或火焰法或火碱法等进行消毒。

4. 带猪消毒　可选用过氧乙酸、次氯酸钠、百毒杀等，一般每周消毒1次。

5. 饮水消毒　用漂白粉按每千克饮水用3～5mg或用0.025%的百毒杀溶液消毒，每周1次。

6. 死猪和粪便处理　死于传染病的猪宜远离猪场深埋或焚烧，死于非传染病的猪宜高温处理，猪粪应堆积发酵或入化粪池。

三、猪群免疫接种

（一）免疫接种的概念和类型

免疫接种是根据特异性免疫的原理，采用人工方法给易感动物接种疫苗、类毒素或免疫血清等生物制剂，使机体产生相应病原体的抵抗力（即主动免疫或被动免疫），易感动物也就转化为非易感动物，达到保护个体和群体、预防和控制疫病的目的。

免疫失败就是进行了免疫，但猪群或猪只个体不能获得抵抗感染的足够保护力，仍然发生相应的亚临床型疾病甚至临床型疾病。

免疫接种分为预防免疫接种、紧急免疫接种和临时免疫接种。

（二）免疫程序

针对枫泾猪，笔者制定了猪场的免疫程序（表7-1）。

各类疫苗在运输、保存过程中注意不要受热，活疫苗必须低温冷冻保存，灭活疫苗要求在4～8℃条件下保存；接种疫苗应在猪健康时进行，对瘦弱、临产母猪不予注射猪口蹄疫疫苗，采取定期预防注射与经常补针相结合的办法，争取做到头头注射、个个免疫；接种疫苗时，不能同时使用抗血清；猪口蹄疫疫苗注射后 15d 内不能应用抗生素，其他疫苗尤其是菌苗在注射前 3d 或注射后 7d 不能应用抗生素，以免免疫失败。

表 7-1　猪场的免疫程序

类型	防疫时间	疫苗种类	剂量	要求
仔猪	8 日龄	猪支原体肺炎灭活疫苗	1 头份	肌内注射
	15 日龄	猪水肿灭活疫苗	1 头份	肌内注射
	21 日龄	猪瘟细胞苗	1 头份	肌内注射
	27 日龄	猪伪狂犬活疫苗	1 头份	肌内注射
	35 日龄	高致病性蓝耳病活疫苗	1 头份	肌内注射
	60 日龄	高致病性蓝耳病活疫苗	1 头份	肌内注射
后备猪	1*	猪支原体肺炎灭活疫苗	1 头份	肺内注射
		猪瘟细胞苗	2 头份	肌内注射
		猪细小病毒灭活苗	1 头份	肌内注射
		高致病性蓝耳病活疫苗	2 头份	肌内注射
		猪伪狂犬活疫苗	2 头份	肌内注射
		猪口蹄疫合成肽疫苗	2 头份	肌内注射
		猪传染性胃肠炎-流行性腹泻二联苗	1 头份	后海穴注射
种母猪	配种后 45d	猪口蹄疫合成肽疫苗	2 头份	肌内注射
	产前 30d	猪支原体肺炎灭活疫苗	2 头份	肌内注射
	产前 23d	猪传染性胃肠炎-流行性腹泻二联苗	2 头份	后海穴注射
	产前 16d	猪大肠杆菌灭活疫苗	2 头份	肌内注射
	产后 8d	猪支原体肺炎灭活疫苗	1 头份	肌内注射
	产后 15d	猪水肿灭活疫苗	1 头份	肌内注射
	产后 21d	猪瘟细胞苗	2 头份	肌内注射
	产后 27d	猪伪狂犬活疫苗	1 头份	肌内注射
	产后 35d	高致病性蓝耳病活疫苗	2 头份	肌内注射

（续）

类型	防疫时间	疫苗种类	剂量	要求
种公猪	春季、秋季	猪瘟细胞苗	2头份	肌内注射
	春季、秋季	猪口蹄疫合成肽疫苗	2头份	肌内注射
	春季、秋季	高致病性蓝耳病活疫苗	2头份	肌内注射
	春季、秋季	猪细小病毒灭活苗	2头份	肌内注射
	春季、秋季	猪伪狂犬活疫苗	2头份	肌内注射
	春季	猪乙脑活疫苗	2头份	肌内注射
	秋季	猪传染性胃肠炎－流行性腹泻二联苗	2头份	后海穴注射

注：1*为60日龄之后每间隔7～10d按顺序注射1次。

第二节　主要传染病的防控

一、猪瘟

猪瘟是由猪瘟病毒（HCV）引起的一种急性、热性、高度接触性传染病，我国把猪瘟列为一类动物疫病，是严重危害养猪业发展的一种烈性传染病。

目前，猪瘟的发生有两种情况：一种是猪瘟强毒引起的古典型猪瘟；另一种是由弱毒引起的温和型猪瘟。

（一）古典型猪瘟

古典型猪瘟发病急，感染率和死亡率高，以全身败血、内脏实质器官出血、坏死和梗死为特征。不同年龄、品种都易感，一年四季都可发生。潜伏期5～10d，短的只有2d，最长达21d。

从临床表现可分为最急性猪瘟、急性猪瘟和慢性猪瘟。

1. 最急性猪瘟　生前无明显症状，突然死亡。

2. 急性猪瘟　典型症状是：体温40.5～42℃稽留，行动迟缓、怕冷、寒战、互相堆叠在一起；脓性结膜炎；病猪在耳、四肢内侧、腹下等处皮肤上出现大小不等的红色出血点（图7-1），指压不褪色；口渴、特喜饮脏水，先便秘、后腹泻或腹泻、便秘交替发生，排出恶臭稀的或带有肠黏膜、黏液和血丝的粪便；后肢无力，站立或行走时歪歪倒倒；部分病猪表现神经症状，四肢呈游泳状划动。

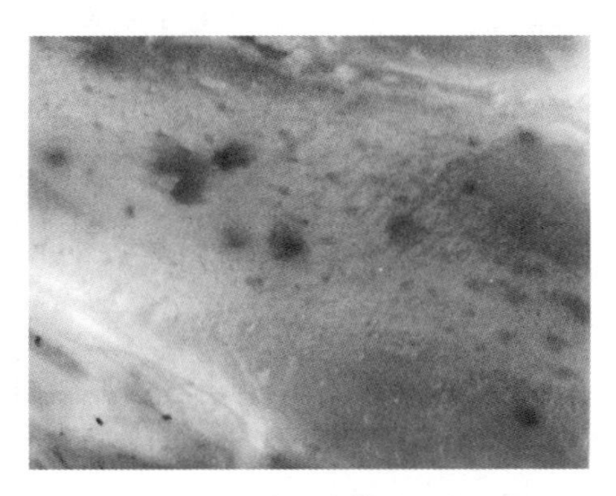

图 7-1 急性猪瘟病猪腹下出血斑

3. 慢性猪瘟 由急性转变而来，主要表现消瘦，体温时高时低，食欲不振，便秘和腹泻交替进行，被毛粗乱，步行无力，体表有紫红色出血点。

古典型猪瘟的特征性剖检变化是：喉头、会厌软骨及扁桃体出血（图 7-2）；肠系膜淋巴条状肿大、周边切面出血；脾脏梗死，肾脏及膀胱浆膜、黏膜点状出血；回盲口、盲肠、结肠或直肠黏膜上有纽扣状溃疡；心外膜和肺表面急性出血。

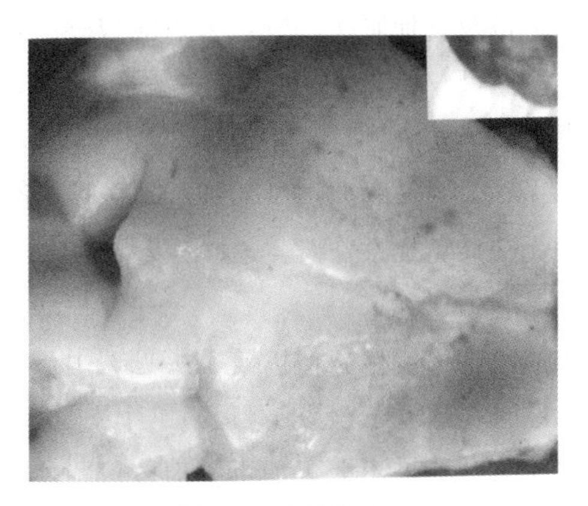

图 7-2 扁桃体出血

（二）温和型猪瘟

温和型猪瘟也叫非典型性猪瘟。临床症状不典型，尸体剖检病变也不明显和不典型，发病率和死亡率也没有古典型猪瘟高。

经胎盘感染仔猪排出的弱毒株，再感染妊娠母猪后，病毒经胎盘感染胎儿，造成妊娠母猪带毒综合征，发生流产、死胎、木乃伊胎、产弱仔及仔猪皮肤发疹、震颤等症状，随之仔猪整窝或多数拉稀、死亡，这就是温和型猪瘟造成的繁殖障碍。

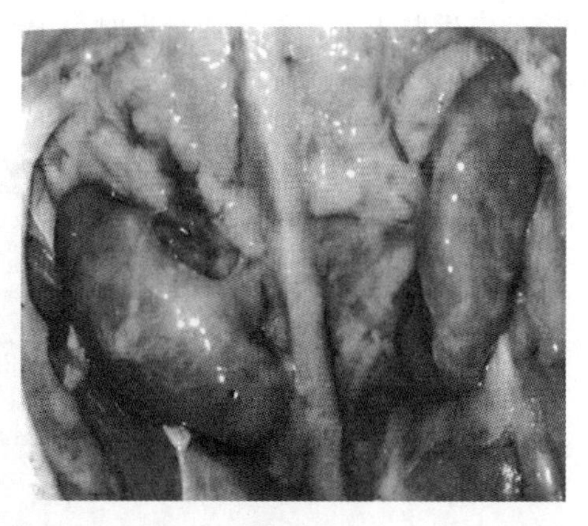
图 7-3 肾包膜下胶样浸润，表面凹凸不平

剖检温和型猪瘟病例，病变不明显和不典型，往往只能发现喉头点状出血，肾呈土黄色，表面隆突不平，出现沟状结构（图 7-3），并有米粒大至指头大小的灰白色坏死，病灶深入皮质内，肾皮质部出血、肾乳头点状或索状出血。

二、口蹄疫

口蹄疫是由口蹄疫病毒引起的偶蹄类动物共患的急性、热性、高度接触性传染病。临床特征为口腔黏膜、蹄部和乳房发生水疱和烂斑。主要感染牛、猪、羊、骆驼、鹿等家畜及其他野生动物，人也能被感染，但十分罕见。

【病原】口蹄疫病毒（FMDV）属于小核糖核酸（RNA）病毒科、口疮病毒属。现已知本病毒有 7 个血清型，即 O、A、C、SAT1、SAT2、SAT3（南非 1、2、3 型）和 Asia—1 型（亚洲 1 型），61 个亚型。各型之间的临床表现基本相同，但彼此均无交叉免疫性。

【流行病学】

（1）口蹄疫一年四季都可发生，但以夏季少见。由于口蹄疫病毒怕热不怕冷，所以每年 6、7、8 月炎热季节少发，11、12 月及翌年的 1、2 月寒冷季节多发。如果运输往来频繁，检疫不严，消毒不力，口蹄疫发生的季节性可能被打破。流行周期从 20 世纪的 10 年 1 次变为 5 年 1 次、3 年 1 次、1 年 1 次。流行规律相对无序，给防控工作带来极大困难。

（2）口蹄疫病毒主要感染偶蹄动物，引起发病。但也感染其他动物。仔猪越小，发病率越高，患病越重，死亡越多。

口蹄疫病毒能感染许多动物，无论是感染发病或是隐性感染的动物均能长期带毒和排毒。口蹄疫病毒在动物体内可以存活数月、数年甚至终身，并在群体中能世代传递。康复猪带毒时间为70d。动物携带口蹄疫病毒可以成为传播者，在口蹄疫流行中起着重要作用。有学者认为：羊是“保毒器”，保存病毒常常无症状表现，即使表现症状也轻；猪是“放大器”，可将弱毒变为强毒，病猪的排毒量远远超过牛和羊，是牛的20倍；牛是“指示灯”，对口蹄疫病毒最敏感，只要受到病毒感染，就发病、就表现临床症状；鸭子可以带口蹄疫病毒，但其本身不发病，是一个重要疫源库。

（3）口蹄疫病毒可以通过发病动物呼出的空气、唾液、乳汁、精液、眼鼻分泌物、粪、尿以及母畜分娩时的羊水等排出体外，急性感染期屠宰的动物及污水可以排放大量病毒；病畜的肉、内脏、皮、毛均可带毒成为传染源；被污染的圈舍、场地、水源和草场等也是天然的疫源地。饲养和接触过病畜人员的衣物、鞋帽，运输车辆、船舱、机舱、猪笼，被病畜污染的圈舍、场地、饲槽、饲料、饲用工具、屠宰工具、厨房工具、洗肉水、兽医器械等，都可以传播病毒。

【临床症状】被口蹄疫感染的牛、羊、猪，潜伏期一般为2～7d，最短的12h就发病，最长的达14～21d。在潜伏期内，病畜还未表现临床症状就已经在排毒，只要和病畜同群的牲畜，一般都已感染。发病后牛、羊、猪的症状大体一样，也略有不同。猪口蹄疫最早的症状是吻突、唇上发生水疱、烂斑，此时，偶见口内有白色泡沫。最典型的症状是蹄冠、蹄叉出现局部红肿，手触有热感，站立不稳、跛行，蹄上有水疱，蹄冠边缘、蹄踵、蹄叉、附蹄等处都会发生水疱，蹄冠边缘的水疱长、融合成长条；蹄后的水疱常呈T形（图7-4），严重者蹄部破溃、蹄壳脱落，肉蹄鲜血淋漓，跛行或前肢跪地而行、卧地不起。出现水疱时，体温一般升高达40～41.5℃，水疱液呈灰白色，水疱刚破溃时出现红色的烂斑，烂斑边缘附有破淬的水疱皮。

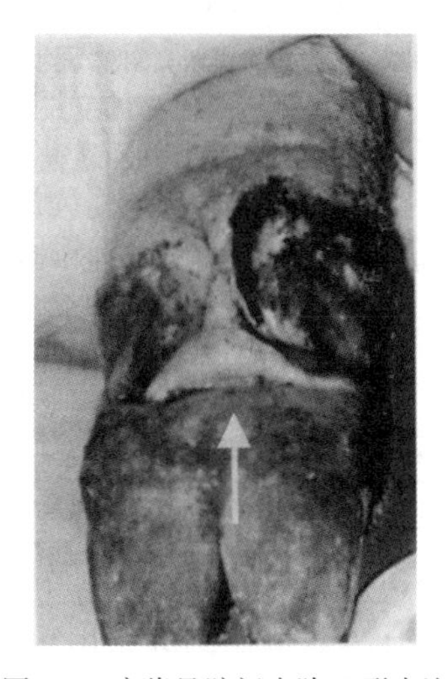
图7-4　病猪悬蹄间皮肤T形水泡

【病理剖检变化】口蹄疫病、死畜的剖检变化除口、鼻、蹄上的水疱和烂斑外，最常见到的变化是心肌疲软，幼畜心内、外膜上有出血斑点和淡黄色或灰白色点状、带状及不规则的斑纹，形似虎皮上的斑纹，故称“虎斑心”（图7-5）。

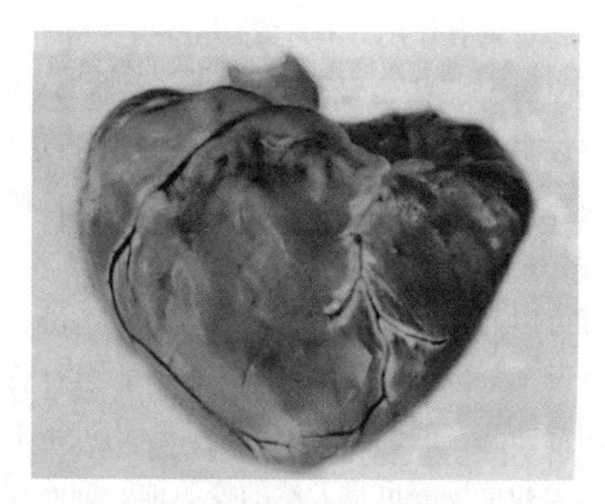

图 7-5　病死猪心肌变性、坏死，形成黄色斑纹

三、猪繁殖与呼吸障碍综合征

猪繁殖与呼吸障碍综合征是由繁殖与呼吸障碍综合征病毒（PRRSV）引起、以母猪的繁殖障碍和仔猪的呼吸困难及高死亡率为主要特征的病毒性传染病，又称“蓝耳病”。由于该病的流行，使许多国家的养猪业蒙受重大经济损失，是当今造成养猪业损失最大的疫病之一。特别是近年来，我国出现的“高致病性蓝耳病”对养猪业影响很大。

【流行情况】

（1）1987—1988 年，欧美各国的猪群中发生了“流产风暴”，当时称“猪神秘病”。到 1991 年，荷兰 Wensvoort 等分离到病原。1992 年，国际兽医研讨会把该病正式定为“猪繁殖与呼吸障碍综合征”。1996 年初，我国郭宝清等人从国内疑似 PRRS 感染猪群中分离出 PRRSV。到目前为止，可以说 PRRS 几乎遍及世界主要养猪国家之中，猪是唯一感染 PRRS 并出现临床症状的动物。

（2）蓝耳病多于寒冷季节发病并出现临床症状。其他季节常为隐性感染或表现温和型症状。

（3）蓝耳病通过多种途径感染，其中，直接感染、空气传播、呼吸系统感染较为多见，精液和乳汁均可带毒感染，鸟类、特别是鸭子可以隐性带毒，但其本身不发病。

（4）PRRSV 感染和接种 PRRS 弱毒苗后，PRRSV 在猪体内能建立起持续性感染，PRRSV 的持续性感染是流行病学的一个重要特征，这主要表现为 PRRSV 感染后，猪体内病毒的持续存在和污染场的猪只持续感染；新引入的猪只受到感染；感染母猪所生仔猪母源抗体的迅速下降，成为易感猪群而造成持续性感染。另外，PRRSV 弱毒疫苗的使用对 PRRS 的传播起了一定的作用。PRRSV 会感染并杀害巨噬细胞，巨噬细胞是免疫系统中最重要的免疫细胞之一，负责疫苗抗原的加工，故一旦被 PRRSV 感染破坏，就会造成免疫淋巴细胞的流失，感染猪的免疫功能失调，而无法产生对疫苗的良好免疫应答。

【临床表现】蓝耳病感染后由于继发感染的影响，症状常常变得严重而复杂，从而会表现出许多不同的临床症状。在不同国家、不同猪场临床表现差别较大，就是在同一个猪场由于感染时间不同，感染的年龄、阶段、用途不同，所表现的临床症状也有所不同。据多年的观察，PRRSV 感染母猪、哺乳仔猪、保育-生长猪、种公猪、育肥猪时，其临床症状有共同点，也有明显差异。按不同猪的阶段来表述临床症状，更易懂，更便于记忆、诊断。

（1）共同症状　所有猪感染 PRRSV 以后都出现厌食、精神不振和发热，体温达 40～41.5℃；体表皮肤发绀、出血。体表皮肤发绀多发生于皮肤远端，如耳、眼、吻突、四肢末端、腹下、阴囊、阴户及臀部等皮肤。皮肤严重发绀呈蓝紫色，出现耳部发绀呈蓝紫色的频度最大，因此，又把 PRRS 称为“蓝耳病”。

皮肤发绀呈蓝紫色是 PRRS 的初期症状（图 7-6）。体表皮肤出血是 PRRS 病程发展的一个重要症状阶段，体表皮肤出血一般表现 3 种情况：①全身皮肤毛孔四周或附近密布针尖状出血点，饲养员和兽医称为“毛孔出血”。这种出血点一直为针尖大，不会扩大，若病情好转，出血点会逐渐消失。②公猪阴囊特有出血，公猪感染 PRRSV 后，最常见的症状是阴囊皮肤出血，阴囊皮肤刚开始出血时是密密麻麻的淡血点，远看似淡血斑；随之（中期）越来越明显、越来越严重，变为蓝紫色；再进一步发展（后期）蓝紫色出血灶坏死、干涸、硬结，类似蓝色球形结痂。③PRRS 病猪全身出现菜籽粒状出

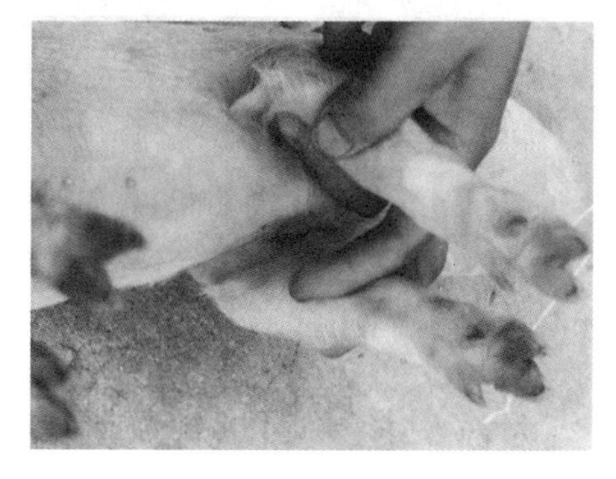

图 7-6　病猪四肢末端皮肤发绀

血，这种出血随病程的发展逐渐增大到麻粒大乃至绿豆大，最后增至指头大小，边增大边变成蓝紫色，到了指头大就坏死、干涸、硬结，最后成为一个个蓝紫色凹陷的斑痕。

（2）母猪的症状　妊娠母猪感染 PRRSV，主要造成晚期流产和早产、产死胎、木乃伊胎、产弱仔和弱仔数增多，部分母猪皮肤“毛孔出血”。

母猪妊娠早期对 PRRS 感染有一定的抵抗力，一旦受到感染可使妊娠率低下或妊娠中止；母猪感染 PRRSV 后，最先出现的症状是厌食，体温升高达 41.5℃左右，同时表现呼吸困难、咳、喘，然后就出现流产、早产（妊娠 104～112d），产死胎、黑仔、木乃伊胎和产弱仔等繁殖障碍症状。少数在妊娠 116～118d 才分娩。发病率平均在 13%以上（4.1%～22.5%），产黑仔、死胎、木乃伊胎的母猪占分娩母猪数的 50.3%（18.5%～84.1%），说明本病的危害性之大（图 7-7）。

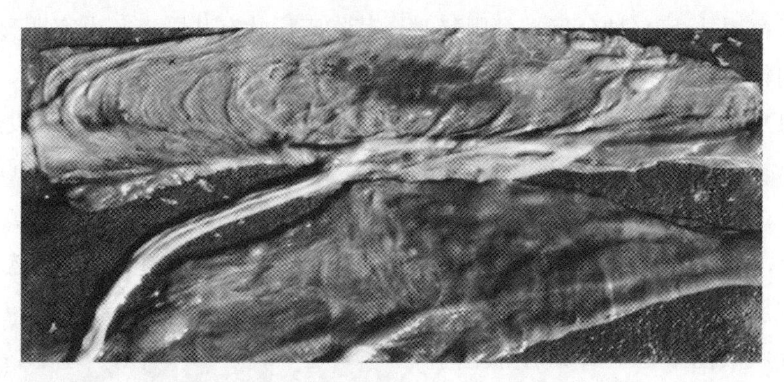

图 7-7　流产胎儿胎盘上的出血斑

（3）哺乳仔猪的症状　哺乳仔猪发病往往是经胎盘感染后生下的弱仔，这种弱仔多在产后 24h 内死亡。不论是早产、正产、延期产出的仔猪，3～4d 后就出现毛焦、消瘦、鼻唇干燥。这些猪表现呼吸困难、体温升高、发抖，四肢做游泳状姿势，站立不起，拉稀，无力吸乳，死亡率高。

（4）保育-生长猪的症状　这个阶段感染 PRRSV 以后，常突然出现厌食，体温升高达 40.0～41.5℃，眼眶浮肿、发绀呈蓝紫色，吻突发绀呈蓝紫色，耳发绀呈蓝紫色的三蓝现象。皮肤毛孔出血或坏死、干涸。公猪阴囊、母猪阴户也常发绀。还有少数患猪出现贫血、黄疸症状。这一阶段的猪很少出现呼吸困难，经解热和抗病毒治疗，临床症状可以消失，虽增重放慢但也增重，部分病猪症状消失后，过一段时间也会出现反复，无继发感染症状者死亡率很低。

（5）成年公猪的症状　PRRSV 感染成年公猪一般不出现临床症状，只有在种公猪频繁配种、体质消瘦和有其他继发感染时，才会出现厌食、体温升高或阴囊出血发绀、性欲下降、精子数量减少及活力下降等情况。

（6）带毒感染问题　成年公猪感染 PRRS 后虽一般不表现临床症状，但从感染后 1～4d 就向外排毒，由于公猪的品种不同，向外排毒的时间也不同。有报道说：约克夏公猪的散毒时间短，一般为 3～12d；长白公猪的散毒感染其他猪，也可通过胎盘垂直感染，造成流产、早产、死胎、木乃伊胎和产下带毒的弱仔。

要特别注意的是：PRRS 弱毒疫苗接种健康猪后，能向外散毒，种公猪可通过精液散毒，妊娠母猪可垂直感染和向外排毒感染仔猪。

PRRS 母猪产出的死胎多发生腐败自溶，胎膜上常有黑红血疱。流产胎儿、死胎或母猪死后剖出的胎儿病理变化有 3 个共同点：①皮下广泛性出血并发生红色胶样变；②心脏冠状沟、纵沟周围出血，红色胶样变；③肾皮质部出血。弱仔或仔猪患 PRRS 死亡后，多见眼四周水肿，肺变为灰白色、间有红色斑块、不塌陷，称“花斑肺”（图 7-8）；肾表面有灰白坏死灶或针尖大出血点，部分肾间质扩大。

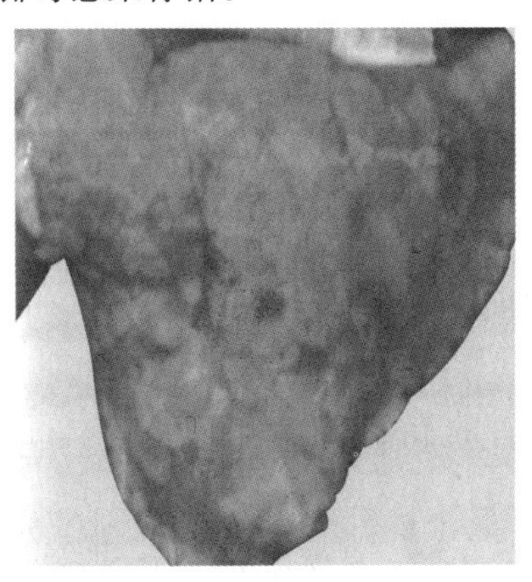

图 7-8　初生仔猪的花斑肺

四、猪伪狂犬病

猪伪狂犬病是由伪狂犬病病毒（swine pseudorables virus）引起的多种家畜及野生动物共患的一种急性传染病。该病引起妊娠母猪发生流产，产死胎、木乃伊胎；仔猪感染出现神经症状、麻痹、衰竭死亡，15 日龄以内仔猪感染，死亡率可高达 100%。除猪以外的其他动物感染发病后，通常具有发热、奇痒及脑脊髓炎等症状，均为致死性感染，常呈散发。

【流行病学】所有哺乳类家畜对伪狂犬病都易感，猫高度易感；绵羊敏感性高，在畜群中能重新激活隐性感染动物；犬中度易感；啮齿类动物在传播伪狂犬病中起重要作用。未获得免疫力而第一次感染暴发伪狂犬病的猪群，会带来灾难性的后果。可以在 1 周内传染至全群，仔猪有 90%以上的感染、死亡；

老年猪出现呼吸道感染症状；妊娠母猪流产。病毒可经胎盘、阴道黏液、精液和乳汁传播。

该病毒是疱疹病毒科中抵抗力较强的一种。在37℃下的半衰期为7h，8℃可存活46d，而在25℃干草、树枝、食物上可存活10～30d。但短期保存病毒时，4℃较－15℃和－20℃冻存更好。病毒在pH 4～9保持稳定。5％石炭酸经2min灭活，但0.5％石炭酸处理32d后仍具感染性。0.5％～1％氢氧化钠迅速使其灭活。对乙醚、氯仿等脂溶剂以及福尔马林和紫外线照射敏感。

【临床症状】伪狂犬病的症状取决于被感染者的年龄，年龄不同，症状也不一样。妊娠母猪感染伪狂犬病主要表现流产，产死胎、木乃伊胎，其中，以产死胎为主。

流产：统计33例伪狂犬病流产母猪的胎次，1～7胎都有流产。其中，头胎母猪8头、2胎母猪4头、3胎母猪6头、4胎母猪7头、5胎母猪4头、6胎母猪3头、7胎母猪1头。上述33例流产母猪流产时的胎龄，附植前、胚期和胎期都有流产，但多数发生在胎期。36d以后流产的30头，占91％；附植前（l8d以前）流产的2头；胚期只流产1头，这两个时期共流产3头，只占9％。值得注意的是，在胚期中，妊娠60d以上发生流产18头，占54％。流产的胎儿无论大小都很新鲜，胎膜呈灰白色坏死、坏死层逐渐脱落，使胎膜变得很薄，呈现明显的胎盘炎；胎儿表面常见出血斑点；母猪一般无异常表现，体温、食欲正常。另一明显症状是产死胎，一头母猪可以产下不同时期的死胎，少数产木乃伊胎。如果所产的木乃伊胎大小都有，小的长度小于17cm；大的长度大于17cm以上。全窝都是木乃伊胎，那就在很大程度上与伪狂犬病有关，细小病毒感染所产木乃伊胎长度都小于17cm，这是细小病毒感染和伪狂犬病病毒感染的鉴别点（图7-9、图7-10）。

新生仔猪发病，多见于生下第2d开始发病，3～5d内是死亡高峰期。19日龄内仔猪感染后病情较严重，常常死亡。猪龄越小，感染后死亡率越高。病仔猪常表现明显的神经症状、昏睡、鸣叫、呕吐、拉稀。患猪一般无瘙痒症状，偶尔个别病猪出现瘙痒。神经症状是本病的特点，开始常见的兴奋状态是盲目走动、步态失调，继之突然倒地，反复痉挛，口吐白沫，四肢划动，有的角弓反张，有的站立不稳，有的呈游泳姿势，有的因后躯麻痹呈兔子般跳跃。曾发现1头伪狂犬病血清学阳性母猪，产仔12头，不同时期的死胎5头，木乃伊胎2头。5头活仔14日龄先后发病，表现呕吐、转圈、共济失调、倒地呈游泳状、角弓反张等症状，体温41.0℃，采集血清，进行伪狂犬病血清学检查为阳性。

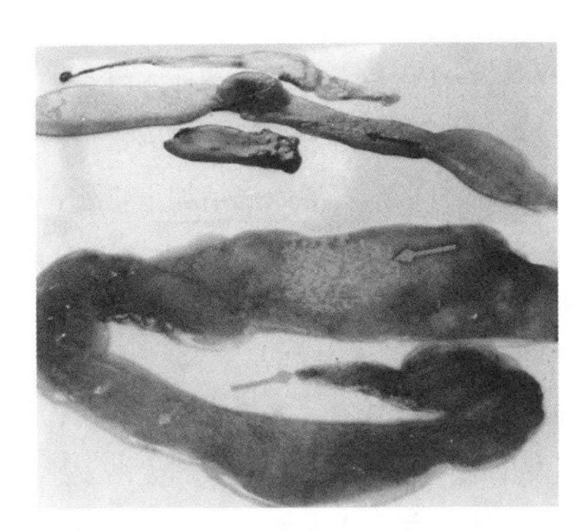

图7-9　流产的胎膜上出现灰白色坏死灶

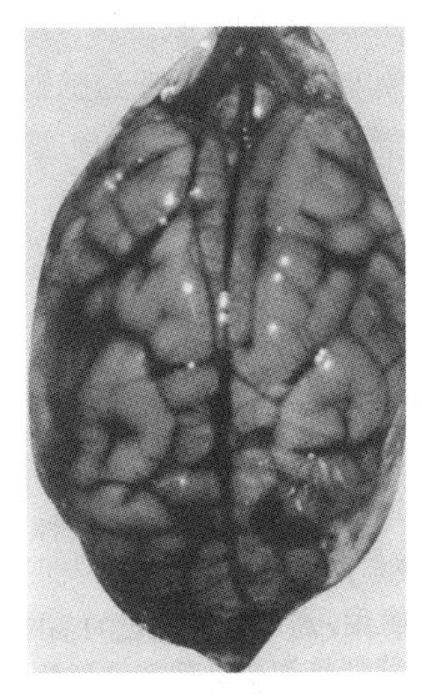

图7-10　死亡后脑膜充血、出血

断奶以后的仔猪发病症状较轻，常表现厌食、高热、喷嚏、咳嗽、呼吸困难等呼吸道病状，偶尔也出现震颤和共济失调等神经症状，还会发生呕吐和拉稀，死亡率在10%～20%。

公猪患病主要表现睾丸炎。

【病理剖检变化】伪狂犬病的病理剖检变化主要见于非化脓性脑炎，脑充血、出血、水肿；肝、肾和心脏上，出现1～2mm大小的黄白色坏死点；肺充血、水肿，上呼吸道常见卡他性和出血性炎症，气管和支气管内有白色泡沫状液体；胃肠黏膜常见卡他性、出血性炎症；流产母猪胎盘呈坏死性胎盘炎，胎儿表面有出血斑点。

五、猪支原体肺炎

猪支原体肺炎是由猪肺炎支原体（mycoplasmal pneumonia）引起的一种慢性接触性呼吸道传染病，又称猪地方流行性肺炎，最通俗、最常用的称呼是猪气喘病、猪喘气病。临床表现以干咳、喘、腹式呼吸为主，病变特征是肺呈融合性支气管肺炎。

【流行特点】不同品种、年龄、性别和用途的猪均能感染，以土种猪和纯种瘦肉型猪最易感。其中，又以乳猪和断奶仔猪易感性高、发病率和致死性都高；成年种公猪、母猪、育肥猪多呈慢性或隐性感染。病原体主要存在于病猪或隐性感染猪的呼吸道及分泌物中，传播途径主要是在接触的场合，通过咳嗽、喷嚏和喘气经呼吸道感染。

猪支原体肺炎一年四季都有发生、流行，没有明显的季节性，但以寒冷的冬天、早春、晚秋发病较多。新疫区常呈暴发性流行，并多为急性经过；老疫区多为慢性经过。卫生条件和饲养管理差，是造成本病发生的重要因素。继发感染巴氏杆菌病、传染性胸膜肺炎、副猪嗜血杆菌病等导致病情加重，死亡率升高。

【临床症状】潜伏期，人工感染时肺部出现病变为 5～10d；自然感染为 11～16d。主要症状以干咳、喘、腹式呼吸为主，尤其在早、晚、夜间、运动、驱赶时、气候突变时表现明显，有黏性、脓性鼻液，严重时呼吸加快，出现呼吸困难、张口伸舌、口鼻流白沫、发出喘鸣声、呈犬坐姿势。无继发感染时，体温一般正常。病程一般为 15～30d，慢性者可达半年以上。病猪的治愈和卫生条件好坏有关，条件差并发症多，病死率高。一般情况下体温正常，继发感染时体温升高。食欲一般也没有变化。

【病理剖检变化】猪气喘病的病理剖检变化主要见于呼吸系统，在肺的心叶、尖叶、膈叶及中间叶等处，病初呈现对称性的出血性肺炎（图 7-11），出血被吸收后就成为渗出性或增生性的融合性支气管炎。其中，又以心叶最为显著，尖叶和中间叶次之，膈叶病变多集中于前下部。病变部位的颜色为淡红色或灰红色的半透明状，界限明显，像鲜嫩的肌肉样，俗称“肉变”（图 7-12），病变部切面湿润而致密。随病程延长或病情加重，病变部位颜色加深，呈淡紫色或灰白色，半透明程度减轻，坚韧度增加，俗称“胰变”（图 7-13）。如有继发性细菌感染时，则会出现肺的纤维蛋白性、坏死性病变。恢复期，病变逐渐消散，肺小叶间结缔组织增生硬化、表面下陷，周围肺组织膨胀不全。肺门和纵隔淋巴结肿大。部分病猪常发生肺气肿。

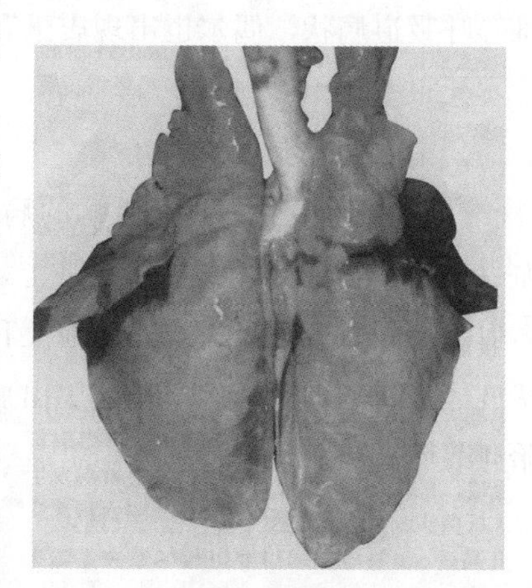
图 7-11　病猪为两侧对称性肺炎

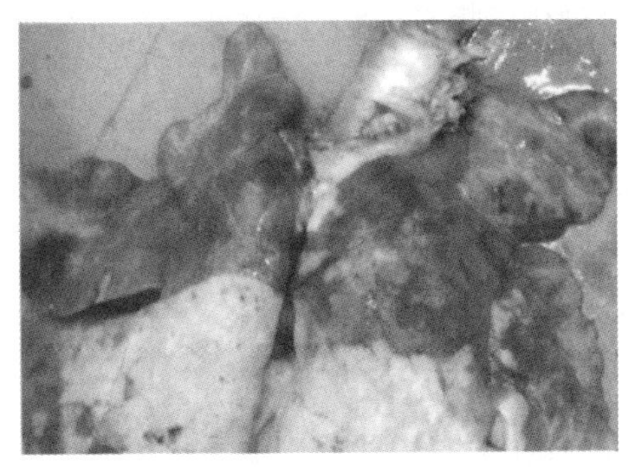

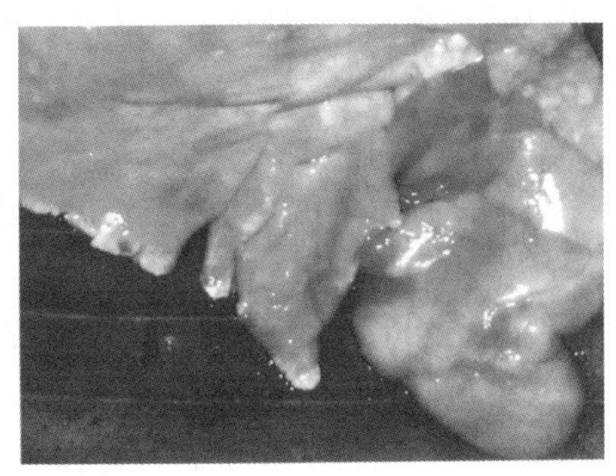

图 7-12　肺尖叶、心叶、膈叶前下沿肉变

图 7-13　病猪肺尖叶呈“胰变”

六、仔猪大肠杆菌病

新生仔猪腹泻（仔猪黄痢）、仔猪腹泻（仔猪白痢）和仔猪水肿病，都是由致病性大肠杆菌引起的仔猪肠道细菌性急性传染病，发病率高，死亡率也高，危害严重。新生仔猪腹泻以剧烈腹泻、排黄色液状粪、迅速死亡为特征。仔猪腹泻以排乳白色或灰白色、带有腥臭的糨糊状稀粪为特征。仔猪水肿病是以头部、胃壁水肿，共济失调和麻痹为特征。

仔猪致病性大肠杆菌是动物肠道内的正常寄生菌，有些菌型能引起疫病。大肠杆菌是革兰氏阴性、中等大小的杆菌。病原性菌株一般能产生 1 种内毒素和 1～2 种肠毒素。大肠杆菌有菌体抗原（O）、表面抗原（K）和鞭毛抗原（H）3 种。已知 O 抗原有 167 种，K 抗原有 103 种，H 抗原有 64 种。引起新生仔猪腹泻和仔猪腹泻的大肠杆菌常为一定的血清型。大肠杆菌对外界的抵抗力不强，一般常用消毒药均易将其杀灭。

（一）新生仔猪腹泻

新生仔猪腹泻又叫新生仔猪大肠杆菌病，俗称“仔猪黄痢”。属肠分泌过渡性下痢，肠分泌增多，水分吸收减少，以剧烈腹泻、排黄色液状粪、迅速死亡为特征。

【流行特点】本病的发生无季节性，多见于猪场，单个饲养的少见。场内一次发生之后，就延绵不断，特别是规模化养猪场该病十分严重，有的场窝窝发生、头头发病，危害严重。本病发生于刚生后至 7 日龄的哺乳仔猪，生后 12h 至 2～5 日龄的发病最多，头胎仔猪由于缺乏母源抗体而下痢严重。带菌母猪为传染源，由粪便排出病原菌，污染母猪皮肤和乳头，仔猪在吃乳和舔母猪皮肤时经消化道感染。

【临床症状】在一窝仔猪中突然有1～2头发病，很快传开，同窝仔猪相继拉稀，开始排黄色稀粪，含有凝乳小块、腥臭，黄色粪便沾满肛门、尾、臀部，严重者病猪肛门松弛、排粪失禁，不吃乳，消瘦、脱水、眼球下陷，肛门、阴门呈红色，站立不起，1～2d死亡。

【病理剖检变化】死于该病的仔猪，尸体严重脱水而干燥皱缩，眼窝下陷。腹腔脏器表面和肠浆膜面有黄白色絮状纤维蛋白附着、严重充血，肠黏膜呈急性卡他性炎症，脾肿大，腹股沟淋巴结和肠系膜淋巴结肿大、出血（图7-14），肝瘀血，胃、肠道内有多量黄色液状内容物和气泡、气体（图7-15），黏膜充血、出血。

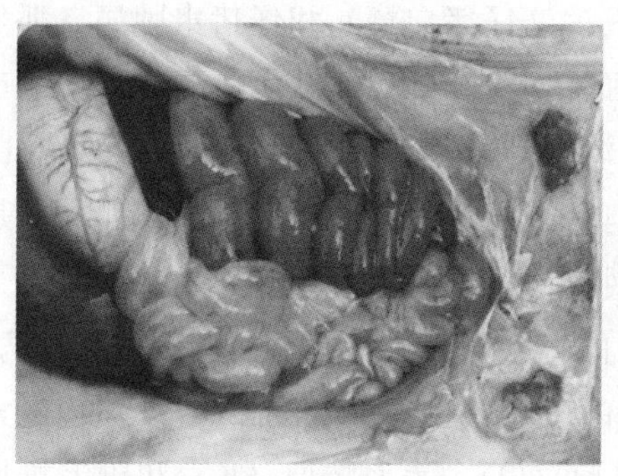

图7-14　腹股沟淋巴结肿大出血、肠胀气

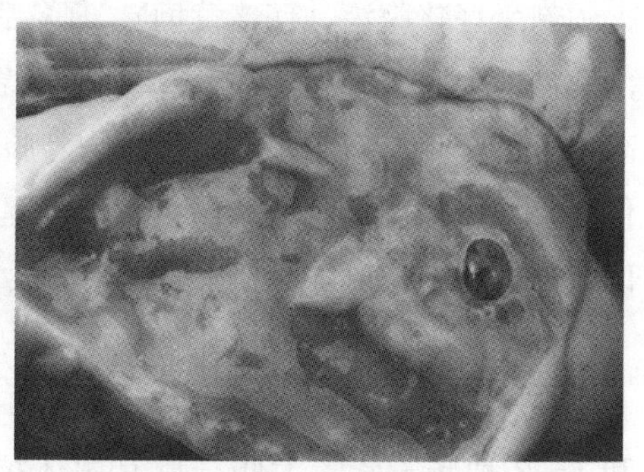

图7-15　胃内容物黄色黏稠、内有气泡

（二）仔猪腹泻

仔猪腹泻又叫迟发性大肠杆菌病，俗称“仔猪白痢”。以排乳白色或灰白色带有腥臭的糊状稀粪为特征。

【流行特点】仔猪腹泻的发病与日龄有关，8～12日龄的仔猪发病多，12～20日龄的发病次之，生后7d以内、30d以上的猪极少发病。一窝仔猪先有1～2头发病，紧接着蔓延至全窝。仔猪腹泻虽然一年四季都有发病，但严寒的冬天、炎热的夏天、阴雨潮湿、圈舍泥泞、气候骤变时发病较多。

【临床症状】发病猪体温常在40℃左右，一般出现下痢后体温降至正常。病猪下痢严重，粪便呈现深浅不等的乳白色、灰白色、混杂黏液的糊状，少数病例夹有血丝，有特异的腥臭气。随着病情加重，病猪消瘦，眼结膜及皮肤苍白、脱水，最后衰竭而死。

【病理剖检变化】仔猪腹泻无特征性的病理剖检变化，尸体消瘦，腹腔内也常有纤维蛋白附着于脏器表面，肝、脾肿大，腹股沟淋巴结及肠系膜淋巴结水肿或出血，肠内容物为灰白或乳白色糨糊状，有酸臭气，胃肠有卡他性炎症，肠壁变薄而透明病程长者肝变成土黄色、质地如胶泥（图 7-16），部分病例的胃黏膜点状、条状溃疡。

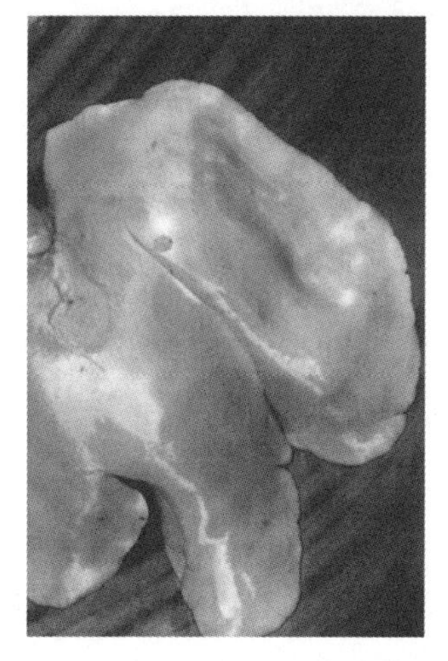

图 7-16　肝土黄色、质地如胶泥

（三）仔猪水肿病

仔猪水肿病是由溶血性大肠杆菌毒素引起小猪的一种急性、致死性传染病。特征为头部、胃壁水肿，共济失调和麻痹。

【流行特点】本病常发于断奶前后的仔猪，发病最小者见于 3 日龄、大者 3～5 月龄。春季和秋季多发，呈地方性流行，但常局限于某些猪群，发病率为 10％～35％，有时整窝猪突然全部发病，且死亡率高；有时仅有 1～2 头发病。健壮和生长快的仔猪先发病、发病多。传染源为带菌母猪或病猪，由粪便排出病菌，通过消化道而感染。

【临床症状】突然发病，沉郁，头部水肿，共济失调，惊厥，局部或全身麻痹。多数病猪先在眼睑、睑部、颈部、肛门四周和腹下发生水肿，此为本病的特征。有的病猪做圆圈运动或盲目运动，共济失调；有时侧卧，四肢游泳状抽搐，触之敏感，发出呻吟或嘶哑的叫声；有的前肢或后肢麻痹，不能站立。病程长短不一，从几小时到几天不等，病死率在 90％左右。

【病理剖检变化】剖检所见病变主要是水肿：面部皮下和眼睑皮下有淡黄色胶冻样水肿；胃壁水肿常见于大弯部和贲门部，在胃的黏膜层和肌层之间有一层胶冻样浸润，严重的厚达 2～3cm，胃底黏膜有弥散性出血；胆囊壁和喉头周围也常有水肿；肠系膜也常有水肿、肿胀变厚且透亮、切面呈胶冻样；肠系膜淋巴结水肿；肾包囊水肿、髓质有时出血。小肠黏膜常见弥散性出血。心包和胸腹腔常有积液。有的病例没有水肿变化，但内脏出血和肠黏膜出血明显。

第三节　主要寄生虫病的防控

一、猪肠道线虫

寄生于猪肠道的线虫，主要有猪蛔虫、类圆线虫、猪结节虫、猪鞭虫和猪肾虫。前两种主要寄生在小肠内，第三、四种寄生在大肠内，后一种多寄生在输尿管和肾。

（一）猪蛔虫

猪普遍感染猪蛔虫，但主要危害仔猪，使仔猪发育不良，甚至形成僵猪，造成死亡。

猪蛔虫寄生于猪小肠中，为淡红色或淡黄色大型线虫，体表光滑、中间稍粗、两端较细，虫体长15～40cm、直径3～5mm，雄虫尾端似钓鱼钩状，雌虫尾直。虫卵随粪便排出体外，发育成含幼虫的感染性虫卵，猪吞食后在小肠内幼虫逸出，钻入肠壁，经血流入肝发育，再进入血流到右心，经肺动脉到肺泡生长发育后，沿支气管、气管上行到咽，进入口腔，再次被吞下，在小肠内发育为成虫。成虫在猪体内寄生7～10个月。

仔猪感染猪蛔虫症状明显，主要表现咳嗽，呼吸和心跳加快，体温升高，食欲减少，营养不良，消瘦，变为僵猪，少数出现全身性黄疸。虫体阻塞肠道或进入胆管时、表现疝痛。有的猪出现阵发性、强直性痉挛、兴奋等神经症状。成年猪感染猪蛔虫一般无明显症状。

剖检感染蛔虫的患病猪，可见幼虫在猪体内移行时损害的路径，组织和器官出血、变性坏死，常见肝组织致密，肝表面有灰色幼虫移行的遗迹、出血点、坏死灶；蛔虫性肺炎；小肠内有成虫；胆道中有蛔虫时可造成胆道阻塞，肝黄染、变硬（图7-17）。

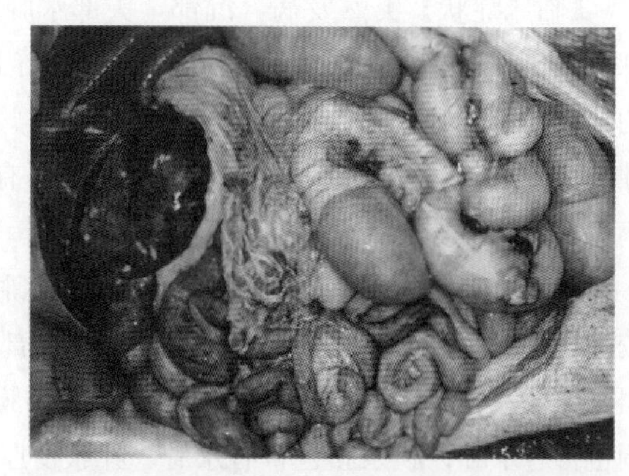

图7-17　肝脏有蛔虫移行灶、肠壁上被蛔虫损伤的病灶

（二）类圆线虫

类圆线虫寄生于小肠，分布很广，是危害哺乳仔猪的重要寄生虫。只有孤雌生殖的雌虫寄生，成虫很小，长 3.3～4.5mm。幼虫可经皮肤钻入，经口、初乳及胎盘感染，经胎盘感染是新生仔猪的主要感染途径；发生胎盘感染时，出生后 2～3d 即可出现严重感染。

被感染仔猪临床上常见腹泻和脱水，严重感染时，10～14 日龄前的仔猪生长停滞、发育不良，并可发生死亡。

（三）猪结节虫

猪食道口线虫的幼虫在大肠形成结节称猪结节虫。该虫广泛存在，虫体为乳白色或暗灰色小线虫，雄虫长 6.2～9mm、雌虫长 6.4～11.3mm。虫卵随粪便排出体外，发育成感染性幼虫，猪吞食后受到感染。该虫致病力虽弱，但感染哺乳仔猪或严重感染时引起结肠炎，粪便中带有黏膜，腹泻、下痢。特别是幼虫寄生在大肠壁上形成 1～6mm 的结节（图 7-18），破坏肠道的结构，使肠管不能正常吸收养分（含水分），造成患猪营养不良、贫血、消瘦、发育不良、衰弱（图 7-19）。

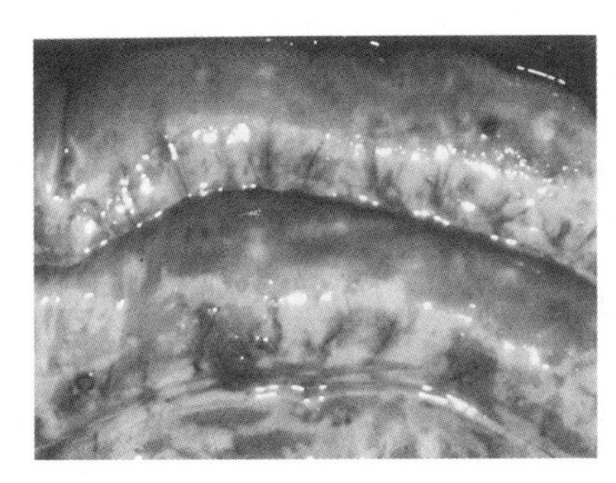

图 7-18　仔猪肠浆膜的结节虫结节

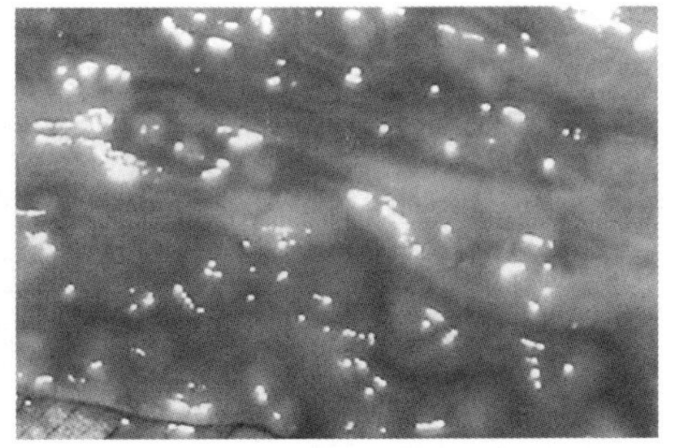

图 7-19　仔猪肠壁上的结节虫结节

（四）猪鞭虫

猪和野猪是猪鞭虫的自然宿主，人及灵长类也可感染，猪鞭虫是影响养猪业的一个普遍问题。

成年雌虫长 6～8cm、雄虫长 3～4cm，虫体前 2/3 细，约 0.5mm，深深钻入肠黏膜中；后部短粗，约 0.65mm，形似鞭子，故称鞭虫。卵呈腰鼓形。

鞭虫感染可引起肠细胞破坏，黏膜层溃疡，毛细血管出血，常继发细菌感染；猪鞭虫感染可抑制其对常在菌的黏膜免疫力，导致发生坏死性增生性结肠炎。临床表现食欲减少，腹泻，粪便带有黏液和血液，脱水和死亡。

（五）猪肾虫

猪肾虫是猪有齿冠尾线虫的别称。该虫是热带和亚热带地区平地养猪的主要寄生虫，分布广泛，危害严重，常呈地方性流行。虫体粗壮，似火柴杆状，棕红色、透明，2～4.5cm。该虫寄生于肾盂、肾周围脂肪和输尿管壁等处的包囊中，虫卵随尿液排出，在外界发育成感染性幼虫，经口腔、皮肤进入猪体，在肝脏发育后进入腹腔，移行到肾、输尿管等组织的包囊，发育为成虫。寄生猪肾虫的猪初期出现皮肤炎，皮肤上有丘疹和红色小结节，体表淋巴结肿大，消瘦，行动迟钝。随着病程发展，后肢无力，腰背软弱无力，后躯麻痹或后肢僵硬，跛行，喜卧。尿液中有白色黏稠絮状物或脓液。公猪不明原因的跛行，性欲减退或无配种能力。母猪流产或不孕。剖检常见肾盂有脓肿，结缔组织增生，有包囊，内有成虫。

二、其他寄生虫病

（一）猪疥螨病

猪疥螨病又称猪疥癣、癞病，是由猪疥螨引起的一种接触传染的体表寄生虫病。分布很广，几乎所有猪场都有，能引起猪剧痒及皮肤炎，使猪生长缓慢，降低饲料转化率，因此，该病具有重要的经济意义。

疥螨虫寄生在皮肤深层由虫体挖掘的隧道内，虫体呈淡黄色龟状，长0.2～0.5mm、宽0.14～0.35mm，背面隆起，腹面扁平并长有4个短粗的圆锥形肢，前端有1个钝圆形口器。病猪是传染源，虫体离开猪体后可存活3周左右，通过直接接触和环境感染。

病变多由头部开始，常发生在眼圈、颊部和耳等处，尤其在耳郭内侧面形成结痂性病灶，有时蔓延到腹部和四肢。剧烈发痒，患猪常在圈墙、栏柱等处擦痒，患部常常擦出血，严重者可引起结缔组织增生和角质化，导致脱毛，皮肤增厚，尤其在经常摩擦的腰窝部位，形成结痂。结痂如石棉样，松动地附着在皮肤上，内含大量螨虫，皮肤发生龟裂，患猪休息不好、食欲减退、营养不良、消瘦，甚至死亡。根据症状和皮肤病变可作出初步诊断。确诊可在皮肤患部与健康部交界处用刀片刮取痂皮，直至稍微出血为止。直接涂片或沉淀检查。

（二）猪囊尾蚴病

猪囊尾蚴病又称猪囊虫病，是由寄生于人体内的猪带绦虫的幼虫寄生于猪、人等体内的一种人畜共患寄生虫病。有猪囊虫的猪肉不能食用，经济损失较大。

本病多见于散放猪、连厕圈和人拉散粪的地区，猪吃了绦虫带孕卵节片或虫卵，在小肠内虫卵内的六钩蚴逸出，钻入肠壁，经血流到达身体各部，发育成囊尾蚴，肌肉中寄生最多。

猪寄生囊虫一般不表现明显的症状。只有在屠宰或剖检时，在嚼肌、腰肌、膈肌、心肌等肌肉内有白色泡粒，大小如米粒状，内有一头节，故称“米星猪”。

（三）旋毛虫病

旋毛虫病是由旋毛虫幼虫和成虫引起人和多种动物共患的一种寄生虫病。人吃了生的或未煮熟的含旋毛虫包囊的肉引起感染。猪吞食了含旋毛虫的老鼠或吞食了含旋毛虫的生肉引起感染。

旋毛虫成虫很小，寄生于小肠，故称肠旋毛虫；幼虫寄生于横纹肌，故称肌旋毛虫。肌旋毛虫在肌肉中外被包囊，包囊呈梭形，呈螺旋椎状盘绕（图7-20、图7-21）。

图7-20　猪肌内的旋毛虫

图7-21　猪肌内旋毛虫包囊

旋毛虫病主要是人的疾病，猪自然感染后影响很小，肌旋毛虫一般无临床症状。由于猪旋毛虫对人类危害严重，在公共卫生方面有重要意义，是肉品检疫的重要项目之一。方法是采取膈肌脚肉样，撕去肌膜与脂肪，先肉眼观察是否有旋毛虫包囊钙化灶；然后剪取 24 个肉粒，压片镜检，发现虫体即可确诊。

预防猪感染旋毛虫的措施是灭鼠，禁用混有生肉屑的泔水喂猪，防止饲料受鼠类污染；预防人的感染要严格肉品卫生检疫，不吃生肉及未熟的肉，切生肉和切熟肉的刀具、案板要分开，及时清洗抹市、案板、刀具等。

（四）猪弓形虫病

弓形虫病是由龚地弓形虫引起的人与多种动物共患的原虫病。在猪中常出现急性感染，危害严重。

弓形虫为细胞内寄生性原虫，发育需两个宿主，人及猪等多种动物是中间宿主，猫是终末宿主。猫食入含包囊形虫体的动物组织，在肠内进行繁殖后，形成卵囊，随粪便排出体外，污染饲料、饮水等。猪、人等食入后，在肠中发育，经淋巴液循环进入有核细胞，在胞浆内进行无性繁殖，形成部分包囊形虫体，引起发病。

各种品种、年龄的猪均可感染本病，但常发于 3～5 月龄的猪。可以通过胎盘感染，引起怀孕母猪早产、产出发育不全的仔猪或死胎。临床症状与猪流感、猪瘟相似。病初体温可升高到 40～42℃，稽留 7～10d；食欲减少或完全不食，大便干燥；耳、唇、四肢下部皮肤发绀或瘀血；呼吸加快，咳嗽，吻突干燥；常因呼吸困难、口鼻流白沫、窒息而死亡。耐过猪长期咳嗽及神经症状，有的耳边干性坏死，有的失明。

弓形虫病的病理剖检变化主要是肺水肿，肺小叶间质增宽，小叶间质内充满半透明胶冻样渗出物，气管和支气管有大量黏液性泡沫，有的并发肺炎；全身淋巴结肿大，切面湿润，有粟粒大灰白色或黄色坏死灶，其中，肠系膜淋巴结呈囊状肿胀；肝稍肿，呈灰白色，散布有小点坏死；脾略肿，呈棕红色。

从临床和病理剖检变化很难诊断弓形虫病，必须进行实验检查：

1. 直接涂片检查法　取可疑病猪的肝、脾、肺和淋巴结等做成涂片，用姬姆萨氏或瑞特氏液染色，于油镜下检查，发现月牙形、梭形或弓形滋养体，或者发现卵圆形包囊型虫体时即可诊断。

2. 动物接种　将肝、脾、淋巴结或脑组织等病料制成 1∶10 混悬液，给小鼠腹腔注射 0.2～1mL，观察 20d，小鼠的腹水、肝、脾、淋巴结中可发现大量弓形虫体。

3. 用弓形虫间接血凝试验　血清效价达 1∶64 时，可判为阳性。

预防弓形虫病有两点很重要，一是灭鼠；二是消灭野猫和不让家猫进入猪场。治疗本病可用磺胺类药物，有较好的效果，如：①磺胺嘧啶每千克体重 70mg、乙胺嘧啶每千克体重 6mg，内服，每天 2 次，首次量加倍；②12%磺胺甲氧吡嗪注射液每头猪 10mL，每天肌注 1 次，连用 4 次。

（五）细颈囊尾蚴病

本病是由细颈囊尾蚴寄生于猪、牛、羊等的肠系膜、网膜和肝表面等处而引起的一种绦虫蚴病。

本病分布广泛，凡养狗的地方，猪一般都会有。病原体为寄生在终末宿主犬类动物小肠内的泡状带绦虫的细颈囊尾蚴。患猪一般不显明显症状，只有在屠宰或剖检时可见肝、网膜、肠系膜上有鸡蛋大小的囊泡，形似“水铃铛”，泡内充满透明的囊液，因此，本病又称水铃铛（图 7-22）。

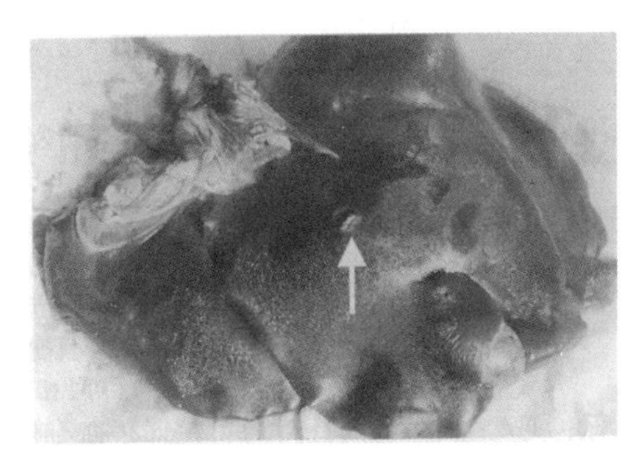

图 7-22　猪肝上的细颈囊尾蚴、囊泡

（六）棘球蚴病

本病是由细粒棘球绦虫的幼虫——棘球蚴寄生于猪、牛、羊等家畜以及人的各种脏器内的人畜共患寄生虫病。

犬、猫等是细粒棘球绦虫的终末宿主，猪吃入被犬、猫粪便中的细粒棘球绦虫的卵污染的饲料、饮水而感染此病。

屠宰或剖检时可见肝、肺表面凹凸不平，此处能找到棘球蚴，切开有液体流出，内有不育囊、生发囊和原头蚴。

（七）猪肺虫病

猪肺虫病对猪有危害，特别是对仔猪危害大，严重感染可引起肺炎、造成咳嗽及呼吸障碍。猪肺虫呈细丝状、乳白色，寄生于支气管、细支气管及肺泡，故又称该病为肺丝虫病。蚯蚓为中间宿主，猪吞食感染性幼虫或含感染性幼虫的蚯蚓而受到感染。

轻度感染肺丝虫的猪症状不明显，严重感染时，表现强烈的阵咳、呼吸困难，特别在运动和采食后剧烈。

剖检可见，肺膈叶腹面边缘有楔状气肿区，支气管壁增厚、扩张，靠气肿区有坚硬的白色小结节，支气管内有黏液和虫体。

剖检时在支气管及肺组织中发现细丝状虫体可确诊该病，疑似该病时用沉淀法或漂浮法检查粪便中的虫卵（按肠道线虫的检查法）。虫卵呈椭圆形、棕黄色，卵壳表面粗糙不平，内含一蜷曲的幼虫。预防本病的发生，主要是防止猪舍及运动场出现蚯蚓。

第四节　常见普通病的防控

一、仔猪低血糖症

仔猪低血糖症是仔猪血糖浓度过低而引起的一种代谢性疾病，又称乳猪病。临床上以明显的神经症状为主要特征。新生仔猪对血糖非常敏感，因此，本病主要发生于1～7日龄的新生仔猪。本病多发于春季，秋季较少。

低血糖的主要原因是哺乳不足。最常见的原因是，怀孕期间母猪饲养管理不当，引起母猪少乳或无乳；母猪不让仔猪吮乳或仔猪头数多母猪乳头少而吃不到母乳，使仔猪饥饿而发病；仔猪因患大肠杆菌病、链球菌病、传染性胃肠炎等疾病时，哺乳减少，兼有糖吸收障碍而发此病；生后7d内的仔猪糖原异生能力差，是此病发生的内在因素。

据报道，仔猪肠道缺少乳汁消化所必需的乳酸杆菌，引起消化不良，也是本病发生的因素；圈舍温度过低、潮湿等，是诱发本病的主要因素。

新生仔猪在生后第一周内，因其糖代谢调节机能发育不全，糖原异生能力差，肝糖原贮存少，血糖主要来源于母乳和胚胎期间贮存的肝糖原的分解。如果哺乳不足，有限的能量储备很快耗尽，极易导致低血糖的发生。仔猪血糖低时，首先脑组织受影响，病猪呈现抽搐、昏迷等神经症状。另外，低血糖导致肌糖原不足，ATP生成减少，肌肉收缩无力，病猪四肢软弱，卧地不起。因肌肉、肝产热减少，病猪体温降低。

【症状】

（1）仔猪多在出生后1～2d发病，有的可在第3～4d发生。同窝仔猪常30%～70%发病，也有全窝发病。

（2）病初被毛粗乱，精神沉郁，四肢无力，肌肉震颤，运动失调，吮乳停止，离群伏卧或钻入垫草嗜睡，皮肤发冷苍白，体温低下，常在37℃或更低。颈下、胸腹下及后肢等处浮肿。后期病猪表现痉挛抽搐，磨牙虚嚼，口吐白沫，眼球震颤，头向后仰或扭向一侧，四肢僵直或做游泳样运动。最后昏迷不醒，意识丧失，很快死亡，病程不超过36h。

二、仔猪贫血

仔猪贫血又称仔猪营养性贫血或仔猪缺铁性贫血，是哺乳仔猪由于缺铁所发生的一种营养性贫血，临床上以血红蛋白含量降低，红细胞数减少，以及皮肤、黏膜苍白为主要特征。本病多发生于2～4周龄的哺乳仔猪，以冬、春季节多发，特别是猪舍以木板或水泥为地面而不采取补铁措施的集约化猪场发病率较高。发病率可达30%～50%，有的甚至达90%，死亡率可达15%～20%。

【病因】仔猪体内铁贮存量低。仔猪出生后由于生长发育迅速，需铁量大。1周龄时体重为出生重的1倍，3～4周龄则增重4～6倍。全血容量也随体重增加而相应增长，1周龄时比出生时增长30%，到3～4周龄时则几乎成倍增加。为合成迅速增长的血红蛋白，每天需铁7～15mg。而母乳中都缺乏铁，哺乳仔猪在生后3周内，从母乳仅能获铁23mg，即平均每天获铁约1mg，远远不能满足快速生长对铁的需要。仔猪不接触土壤，没有补充铁剂，母猪营养不良，铁制剂补充不足等，均可引起发生本病。

【症状及诊断】

（1）一般在2周龄发病，也有7～9d开始出现贫血。

（2）发病后精神沉郁，离群伏卧，食欲减退，体温不高，消瘦，被毛粗乱无光。可视黏膜苍白，轻度黄染，光照耳壳呈灰白色，几乎看不到血管，针刺也很少出血。呼吸增数，脉搏疾速，心区听诊可听到第一心音增强或有贫血性杂音，稍微活动即心搏亢进，大喘不止。

(3) 血液色淡而稀薄，不易凝固。红细胞数减少至 3×10^{12} 个/L 以下；血红蛋白含量可降至 20～40g/L。

(4) 本病常于 2 周龄表现症状，3～4 周龄病情加重，5 周龄开始好转，6～7 周龄康复。6 周龄仍不好转的，大多预后不良，多死于腹泻、肺炎、贫血性心肌病等继发症。

【防治】

(1) 治疗主要是补充铁制剂：右旋糖酐铁注射液 2mL（每毫升含铁 50mg），每次 2mL 深部肌内注射，一般 1 次即可，必要时隔周再注射 1 次；或葡聚糖铁钴注射液，2 周龄内每次 2mL，深部肌内注射，重症者隔 2d 重复注射 1 次。可配合维生素 B_{12}、叶酸等进行治疗。

硫酸亚铁 21g、硫酸铜 7.0g，纯净水 1 000mL。每次每头仔猪剂量为 4mL，用茶匙灌服，每天 1 次，连服 7～14d；或每天灌服 1.8% 的硫酸亚铁 4～5mL，连用 1～2 周；或还原铁每次灌服 0.5～1g，每周 1 次。

(2) 妊娠母猪分娩前 2d 至产后 28d 的 1 个月期间，每天补饲硫酸亚铁2～4g。虽然初乳和乳汁中铁含量并没有增加多少，但仔猪可通过采食母猪的富铁粪便而获取铁质。

猪舍若是水泥地面，仔猪生后 3～5d 即开始补铁。方法是将上述的铁铜合剂涂抹在母猪的乳头上，任仔猪自由舔吮，或逐头按量灌服。生后 3d 一次肌内注射葡聚糖铁 100mg，预防效果更好。

【安全用药】

(1) 硫酸亚铁口服对胃肠道有刺激性，可引起食欲减退、腹泻、腹痛等，故宜于饲后投药。用药量不宜过大。有时由于铁与肠内的硫化氢结合，生成的硫化铁具有收敛作用，故易产生便秘，此时应停药数天。

(2) 葡聚糖铁注射液（商品名：牲血素），刺激性较强，故应作深部肌内注射。用量过大时可引起毒性反应，表现不安、出汗、呼吸加快甚至发烧。

三、胃肠炎

胃肠炎是胃肠黏膜及其深层组织的重剧性炎症。临床上以体温升高、剧烈腹泻、消化紊乱等全身症状为特征。

【病因】胃肠炎的病因多种多样，大多数是由于细菌、病毒、霉菌、寄生虫等所引起。非病原菌所引起的胃肠炎主要是由于饲养管理不当，饲料品质不良，饲料调制不当，饲料或饲养方式突变等。另外采食了蓖麻、巴豆、刺槐和针叶植物的皮、叶等有毒植物，误食酸、碱、磷、汞、铅等有刺激性的化学物质等，均可引起胃肠炎的发生。也可继发于某些急性、热性传染病，如猪瘟、猪丹毒、仔猪副伤寒、猪蛔虫病等。在治疗肠便秘时，反复大量投服泻剂或灌服蓖麻油、番泻叶、巴豆等刺激性强的药物，往往也可继发胃肠炎。当受寒感冒、圈舍潮湿、粪尿污染、长途运输等使猪体防御机能降低时，易受到沙门氏杆菌、大肠杆菌、坏死杆菌等条件致病菌的侵袭，也易引起胃肠炎。

【症状】轻度胃肠炎主要是消化不良，粪便带黏液。严重的病猪由于炎症波及黏膜下层，表现精神沉郁，体温升高，食欲明显减少或废绝，饮欲增加，口腔干燥，气味恶臭，脉搏、呼吸数增加，多发生呕吐，腹部有压痛或呈现轻度腹痛症状。

腹泻是本病的主要症状，粪稀似水样，内含血液或黏液，恶臭。病初肠音亢盛，以后肠音减弱。病至后期，肛门松弛，失禁自痢，里急后重，病猪股后沾满粪便，频频努责，常造成直肠脱。腹泻严重者呈现脱水现象，病猪眼球下陷，皮肤弹性减退，血液黏稠，末梢发紫，尿少色黄，虚弱多卧。出现中毒症状者，多有神经症状，肌肉震颤、痉挛或昏迷。

以胃及小肠炎症为主的病例，腹泻症状不明显甚至粪球干小，口臭，有黄污色舌苔，可视黏膜黄染。有时继发液胀性胃扩张。

【诊断】本病的特征为剧烈腹泻，体温升高，全身症状严重，结合病因及观察粪便的性质，可做出诊断。

【治疗】首先应消除病因。治疗原则以消炎杀菌、补液解毒为主，辅以清理胃肠、止泻、强心止痛等。

（1）抗菌消炎常用抗菌药，如磺胺脒、新诺明、强力霉素、土霉素、喹诺酮类、罗红霉素等。

（2）收敛止泻。病初粪便腥臭者，不宜止泻。当粪稀如水、腥臭味不大、不带黏液时，可给予止泻剂。用磺胺脒 3～4g，活性炭 10～20g，颠茄酊 2～3mL，加水适量，一次内服。对粪中带血者，可加入云南白药（0.2～0.5g）内服。

（3）输液疗法有脱水症状者，应予以静脉注射复方盐水、葡萄糖生理盐水等。

第八章
枫泾猪养殖场建设与环境控制

第一节 养猪场选址与建设

一、猪场选址

1. 地势地形　猪场的场地要高燥，避风向阳，开阔整齐，有足够的面积。坡度以1%～3%为宜，最大不超过25%。

2. 土质　透气透水，未受病原微生物的污染。兼具沙土和黏土的优点，是理想的建场土壤。

3. 水源　水量充足，水质良好，猪场需水量见表8-1。

表8-1　不同类型猪的日均需水量

猪别	饮用量（L/头）	总需要量（L/头）
种公猪	10	40
妊娠母猪	12	40
带仔母猪	20	75
断乳仔猪	2	5
生长猪	6	15
育肥猪	6	25

4. 电力　选址时必须考虑具有可靠的电力供应，并要有备用电源。

5. 交通　猪场每天都要运进大量的饲料（从外购进），每天都要运出大量粪便，经常有成批肥猪要运出销售，交通对猪场十分重要。所以，在猪场选址时，应选择交通便利的地方建场。但猪场应与交通干道、村庄、居民区、工业区保持一定距离。

6. 卫生防疫间隔　猪场应离主要干道400m以上，距居民点、工厂

1 000m以上，距其他养殖场应在数十千米以上；距屠宰场和兽医院宜在2 000m以上。禁止在旅游区及工业污染严重的地区建场。

猪场最好远离城市，在农村或山区建场；另外，在建场时一定要将控制猪粪便污染作为首要问题予以考虑。

二、猪场总体规划

猪场场址选择好后，下一步工作就是猪场总体规划工作。进入 21 世纪，猪场规划要求实行生态规划，即按生态养猪的原理进行总体规划和设计，将现代猪场建成封闭或半封闭的以养猪生产为核心的生态养殖圈。

猪场总体规划十分重要，猪场“总规”的核心部分主要是由“三区”“两道”组成。另外，配以相应的配套设施，具体布局如下。

（一）功能分区——“三区”“两道”

1.“三区”

（1）生活管理区　该区是场部经营管理和技术决策中心，领导办公和职工生活等项活动所在地。生活管理区位于猪场的最上风，避免受到不良空气的污染。

（2）生产区　生产区是猪场的生产核心区，是猪养殖中心区。

现代规模化、工厂化养猪场的生产区主要由种公猪车间、空怀妊娠母猪车间、产仔哺乳母猪车间、保育车间、生长育肥车间等组成。

生产区位于生活管理区的下风，但生产区应位于粪便处理区的上风。各车间在生产区内排列顺序一般视生产规模和生产方式等因素而定，如是实行工厂化养猪，则应根据工厂化养猪生产流水线而定。

（3）隔离及粪便处理区　该区主要是由病猪隔离舍、猪尸体剖检处及病死猪火化炉（或其他处理）、猪粪便处理区及沼气池等组成；从常年风向考虑，该区设于 3 个区的最下风；从地势考虑，该区是 3 个区中地势最低的区域。

2.“两道”——料道、粪道　料道又称为“净道”；粪道又称为“污道”。在猪场道路总体规划时，千万要注意净道与污道分开。决不可两道不分，交叉污染，以免导致猪发病率和死亡率高。

（1）料道——净道　一般位于猪场生产区中部，多是将猪场中心大道兼作料道，每次饲养员用饲养车从饲料调制车间将饲料从料道（中心大道）运向两边的猪舍。所以，规划时多将净道与猪场中心大道合二为一，路两旁便于植树和行道花。

（2）粪道——污道　污道是每天将各养猪车间粪便运向隔离及粪便处理区的专门小道，粪道多设在中心大道两边猪舍的末端。

（二）猪舍朝向和间距

1. 猪舍朝向　我国地处北半球，除南沙群岛外，我国主要处于北半球的15°N～55°N，各地区应参考我国建筑朝向要求等决定猪舍的朝向。

（1）有窗猪舍　从自然光照和常年主导自然风向的采集两大要素考虑，猪舍方向应坐北朝南，以便最大限度地采集自然光和自然风。

（2）无窗密闭式猪舍　高度集约化工厂化无窗密闭式猪舍，是完全采用人工控制猪舍各种小气候生态因子的高科技猪舍，不受外界自然气候的影响，所以猪舍的朝向无关紧要。

2. 猪舍间隔　猪舍间隔大小，主要是考虑采光、通风、防火及卫生防疫等因素。自然风吹过某建筑物之后，一般在经过4～5倍该建筑物高度的距离处，方恢复原有的风速。设计时将这一距离作为建筑物之间的通风间距，这样的通风间隔作为采光、防火间隔也基本可以了。

（三）绿化、美化设施

现代工厂化养猪场在总体规划时十分重视绿化、美化设施的配置与布局，绿化面积一般占全场总面积的30%左右，以利于最大限度地吸收猪场有害气体、净化空气、美化猪场环境及夏季防暑降温等。为了进一步美化猪场环境，很多猪场还在生活管理区设置假山、喷泉等美化设施。

（四）占地面积

集约化、工厂化猪场占地面积受喂料、饮水、清粪等饲养工艺及机械化、自动化程度的高低所决定。

（五）投资回报率

规模化工厂化养猪投资回报率通常要求为20%～25%，好的年头为40%以上。

三、猪场平面布局

根据猪场总体规划进行总体布局。即在猪场的场址上进行“三区”“两道”的具体布局。布局图分为平面图、效果图及沙盘图，而在猪场平面布局中最常用的是平面图和效果图。

1. 猪场平面图　根据猪场场址实际、饲养规模、猪场的“三区”“两道”及猪场布局有关参数，在绘图纸上或电脑上绘出猪场平面布局图。

某猪场在绘图纸上绘出的平面布局图（示意图）如图 8-1 所示。

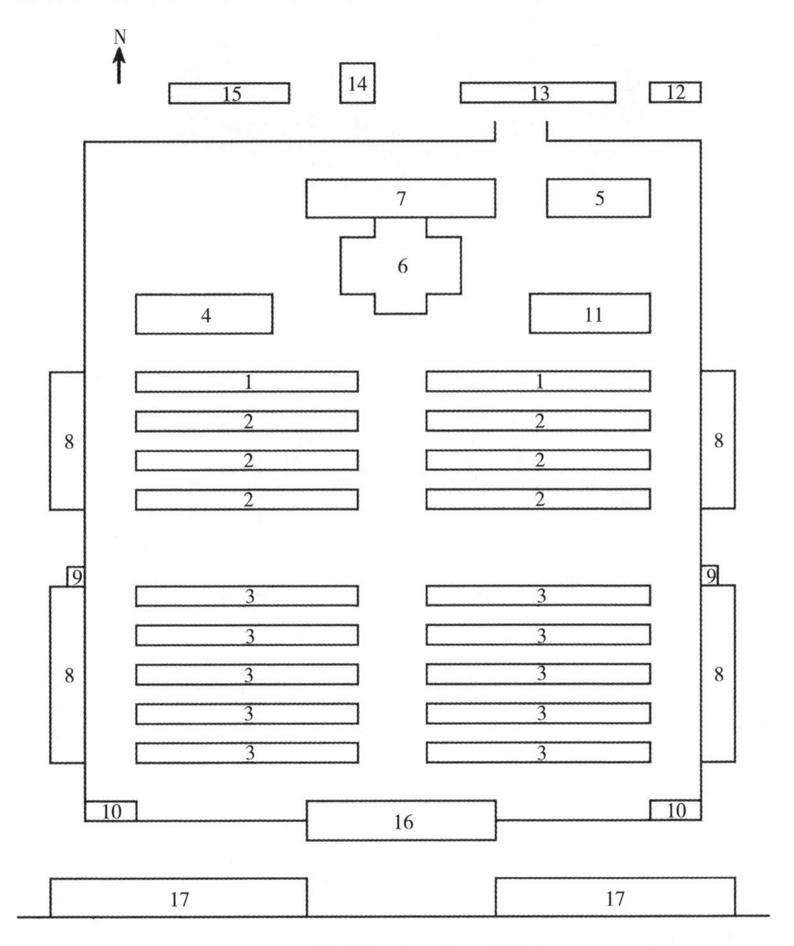

图 8-1　某猪场平面图（示意图）

1. 妊娠舍　2. 分娩舍　3. 育肥舍　4. 公猪舍　5. 隔离舍　6. 饲料加工间　7. 仓库　8. 粪池　9. 泵房　10. 装猪台　11. 研究室　12. 库房　13. 机房　14. 水塔　15. 发电站　16. 接待室　17. 生活区

2. 猪场效果图　随着对规模化工厂化养猪场的要求越来越高，传统在绘图纸上绘出的猪场平面布局图已远远不能满足大中型规模化工厂化猪场建筑设计的要求，所以需根据在绘图纸上绘出的猪场平面布局图，进一步绘制出猪场效果图（图 8-2、图 8-3）。

图 8-2　某猪场效果图

图 8-3　枫泾猪省级保种场实景图

3. 猪场沙盘图　在中、小型猪场布局时，通常有上述两种图就可以了。但在大型猪场布局时，由于规模大、猪场内部功能分区细，因此还需设置配套的沙盘，以确保猪场布局的完整性、精确性、直观性。

第二节　猪场建筑的基本原则

一、猪舍的形式

1. 按屋顶形式分　分为钟楼式、单坡式、双坡式等。

2. 按墙的结构和有无窗户分　分为开放式、半开放式和封闭式。

3. 按猪栏排列分　分为单列式、双列式和多列式。

二、猪舍的基本结构

一个完整的猪舍，主要由墙壁、屋顶、地面、门窗、粪尿沟、隔栏等部分构成。

1. 墙壁　砖砌墙较为理想：水泥勾缝，离地 0.8～1.0m 水泥抹面。东、西山墙，南、北围墙以及舍内猪栏隔墙：在我国中南部地区肉猪舍也可砌半墙。

2. 屋顶　多数猪舍的屋顶是“人”字形或拱顶形。“人”字形采用钢架或水泥钢筋混凝土屋架，屋顶盖瓦，瓦下是一层油毡和纤维板等物。平顶用钢筋混凝土浇筑，务必要保暖、隔热、防漏。还可以采用轻钢结构活动厂房，屋顶彩钢，美观耐用。

在我国中南部地区提倡“人”字形屋顶，这样的猪舍空间大，夏季通风换气好，有助于防病、防暑，可明显提高猪的成活率和生长速度。

3. 地板（面）　进入 21 世纪，规模化养猪场多采用漏缝地板，如水泥漏缝地板、塑料漏缝地板、金属漏缝地板等。可明显提高猪的成活率和生长速度，且卫生、环保，如保温水泥、漏粪地板。

4. 粪尿沟　开放式猪舍的粪尿沟要求设在前墙外面；全封闭、半封闭（冬天扣塑棚）猪舍也可设在室内（内粪沟），并加盖漏缝地板。粪尿沟的宽度应根据舍内面积设计，至少有 30cm 宽。

5. 门窗

（1）开放式猪舍运动场前墙应设有门，门高 0.8～1.0m、宽 0.6m。

（2）各地半封闭式猪舍窗的大小全国无统一规定，应根据当地气候因子进行设计。基本原则是：①南窗相对较大，北窗相对较小；②北方地区猪舍的南墙窗多为立式窗，北墙窗多为横式窗；③南方猪舍的南窗和北窗都可为立式窗。

（3）全封闭猪舍仅在饲喂通道侧设门，门高 1.8～2.0m、宽 1.2m 左右。全封闭猪舍应是无窗猪舍，舍内是完全自动化控制的小气候；这类猪舍经广东等地实践证明，具有很多优点，但其最大的缺点是长年电费成本太高，且一旦停电后果严重。

6. 隔栏　猪舍内均应建隔栏，隔栏材料基本是两种，砖砌墙水泥抹面或钢栅栏。

(1) 公猪栏与配种栏　可采用待配母猪与公猪分别相对隔通道配置。

(2) 母猪栏　生产中有2种式样：①群饲栏；②单体栏。

(3) 产仔栏　采用高床母猪产仔栏，这种栏设在离地面20cm高处。金属网上设有限位架、仔猪围栏、仔猪保温箱、饮水器、补料槽等。

(4) 保育栏　我国广泛采用高床网上保育栏，它能给小猪提供一个清洁、干燥、温暖、空气清新的生长环境。

7. 走道　设置走道依舍内猪栏列数而定，如单列式设1条走道；双列式需设3条走道，中间1条（1～1.2m宽）、两边各1条（0.9m宽）。

8. 运动场

(1) 传统农村养猪　可设立舍外运动场。

(2) 集约化、工厂化养猪　一般不设运动场。

三、猪舍的类型

1. 公猪车间

(1) 传统公猪舍　一般为单列半开放式，内设走廊，外有小运动场，以增加种公猪的运动量，一圈一头。

(2) 工厂化公猪舍（车间）　不设运动场；采用完全舍内封闭饲养，每天定时赶到专用公猪跑道上去运动。

2. 空怀、妊娠母猪车间

(1) 传统小群饲养　空怀、妊娠母猪最常用的一种饲养方式是分组小栏群饲，一般每栏饲养空怀母猪4～5头、妊娠母猪2～4头。圈栏的结构有实体式、栏栅式、综合式3种，猪圈布置多为单走道双列式。

猪圈面积一般为7～9m^2，地面坡降不要大于3%，地表不要太光滑，以防母猪跌倒。也有用单圈饲养，一圈一头。

(2) 集约化、工厂化空怀妊娠母猪车间　空怀妊娠母猪采用高密度饲养，被饲养在狭窄的限位单体栏内。

3. 母猪分娩车间（产房）　母猪分娩车间（产房）内设有分娩栏，布置多为两列或三列式。

母猪分娩栏（床）中间部分是母猪限位架，两侧是仔猪采食、饮水、取暖等活动的地方。

母猪限位架的前方是前门，前门上设有食槽和饮水器，供母猪采食、饮水，限位架后部有后门，供母猪进入及清粪操作。可在栏位后部设漏缝地板，以排除栏内的粪便和污物。

4. 仔猪保育车间　保育猪舍多采用网上保育栏，通常每窝一栏网上饲养（以免互相打斗），用自动落料食槽。保育栏由钢筋编织（或工业塑料）的漏缝地板网、围栏、自动落食槽、连接卡等组成。

5. 生长育肥猪车间　生长育肥猪舍均采用大栏地面群养方式，双面食槽自由采食；生长育肥猪车间多采用密闭式猪舍结构形式。

育肥猪舍设计说明：

（1）设计原则　造价低，方便；不积水、不打滑，墙壁光滑易于清洗消毒；屋顶应有保温层。

（2）设计规模　最好一栋10～15间，养育肥猪200～300头。

（3）饲养方式　每栏10～12头小群饲养，猪苗进圈后训练定点排粪；自动料槽喂干料或颗粒料，自由采食；自动饮水器饮水。

（4）清粪方式　育成猪转育肥舍后，要训练其定点排粪。每天定时将粪清理至粪车上推走，不要堆在猪舍外清粪口下污染墙壁和地面。尿及污水由地漏流入猪舍外上有盖板的污水沟，污水沟在每栋舍的一端设沉淀池，上清液流入猪场总排污管道汇至污水池，经厌氧、好氧和砂滤或人工湿地后达标排放。

（5）栏墙设计　南北栏墙为24cm的砖砌水泥抹面的格棱花墙，中央走廊的围栏为钢栏，以利通风。相邻两栏的隔栏为12cm厚的砖砌水泥抹面实墙，以防相邻两栏猪接触性疫病的传播。但也有相当多的大中型猪场，其相邻两栏的隔栏也是采用钢栏，以利通风。

（6）环境控制措施

①养殖大户：夏季猪舍南北开放部分用塑料网或遮阳网密封，既通风又防蚊蝇；冬季上面覆盖塑料薄膜保温（包括南北格棱花墙），舍内污浊空气由屋顶通气孔排出。夏季利用凉亭子效应、冬季利用温室效应，基本可满足育肥猪的环境温度要求。夏季中午温度过高时，应在栏舍上方拉塑料管，每栏安装1个塑料喷头，进行喷雾降温。

②规模化工厂化猪场：多是采用湿帘＋轴流风机或喷雾系统进行猪舍环境控制。

第三节　设施设备及场舍环境卫生

一、养猪车间主要设备

1. “公猪、空怀母猪车间”的主要设备　该养猪车间设有公猪栏、空怀妊娠母猪栏及配种栏，将3～4头母猪养在同一个母猪栏内的各个单体栏中；公猪养在相邻的猪栏内，公猪栏兼作配种栏（或另设配种栏），以节省猪舍，大幅度提高猪舍利用率及情期受胎率。

2. 空怀妊娠车间——单体栏

（1）单体栏　单体栏由金属材料焊接而成，一般栏长2m、栏宽0.65m、栏高1m。

（2）小群饲养栏　小群饲养栏的结构，可以是混凝土实体结构、栏栅式或综合式结构。一般采用地面喂食；小群饲养栏面积根据每栏饲养头数而定，一般为7～15m^2。

3. 产仔车间主要设备——分娩栏　分娩栏的尺寸与选用的母猪品种有关，长度一般为2～2.2m、宽度为1.7～2.0m；母猪限位栏的宽度一般为0.6～0.65m、高1.0m。仔猪活动围栏每侧的宽度一般为0.6～0.7m、高0.5m左右，栏栅间距5cm。

产仔分娩栏内设有仔猪保温箱，保温箱内配备加热保温设备。

4. 保育车间主要设备——保育栏

（1）小型猪场　断奶仔猪多采用地面饲养的方式，但寒冷季节应在仔猪卧息处铺干净软草或将卧息处设火炕。

（2）大、中型猪场　多采用高床网上培育栏，一般采用工业塑料漏粪地板或金属编织网漏粪地板。仔猪保育栏通常由围栏、自动食槽和漏粪地板组成。相邻两栏共用一个自动食槽，每栏设自动饮水器。这种保育栏能保持床面干燥清洁，减少仔猪的发病率，是一种较理想的保育猪栏。仔猪保育栏的栏高一般为0.6m、栏栅间距5～8cm，面积因饲养头数不同而不同。

5. 育成、育肥车间主要设备——育成、育肥栏　育成、育肥栏有多种形式，其地板多为混凝土结实地面或水泥漏缝地板条，也有采用1/3漏缝地板条、2/3混凝土结实地面。混凝土结实地面一般有3%的坡度。育成、育肥栏的栏高一般为1～1.2m。采用栏栅式结构时，栏栅间距为8～10cm。

6. 饮水设备　猪用自动饮水器的种类很多，有鸭嘴式、杯式、乳头式等。由于乳头式和杯式自动饮水器的结构和性能不如鸭嘴式饮水器，目前普遍采用的是鸭嘴式自动饮水器。

7. 饲喂设备

(1) 水泥固定食槽　农村一些养猪农户，为了减少投资成本，多采用水泥固定食槽。多设在隔墙或隔栏的下面，由走廊添料，滑向内侧，便于猪采食。饲槽一般为长形，每头猪所占饲槽的长度应根据猪的种类、年龄而定。

(2) 方形自动落料饲槽　多用于集约化、工厂化的猪场。方形落料饲槽有单开式和双开式两种。单开式的一面固定在与走廊的隔栏或隔墙上；双开式则安放在两栏的隔栏或隔墙上。自动落料饲槽一般用镀锌铁皮制成，并以钢筋加固，否则极易损坏。

(3) 圆形自动落料饲槽　圆形自动添料饲槽用不锈钢制成，较为坚固耐用，底盘也可用铸铁或水泥浇注，适用于高密度、大群体生长育肥猪舍。

二、猪舍环境调控设施

(一) 生态环境因子

1. 温度　适宜的最佳温度是猪高产的前提条件，温度对猪影响最大。猪从小到大，随着年龄的增长，对温度要求由高到低。

例如：初生仔猪及整个吃奶期，皮薄毛稀，体温调节机能又不太健全，很怕冷，生产中初生仔猪冻死或冻出病来拉痢等很多，有条件养猪场对仔猪都进行人工保温，初生仔猪舍温一般30～32℃，1周龄27～28℃，2周龄24～26℃。

又例：育肥（大猪）皮下有脂肪层，猪汗腺又不发达，气温高极易中暑死亡，猪舍理想温度只需15～16℃。所以，夏天都要用自来水冲洗猪体降温，夏天每天要冲洗猪体降温2～3次，以防育肥猪中暑。

2. 湿度　猪舍小气候第二大生态环境因子是湿度。猪不喜欢长期生活在潮湿条件下，否则会拉稀、感冒及发生其他疾病。尤其是高温高湿最适合细菌繁殖而引起猪群发病（每年夏天梅雨季节高温高湿极易发病）。

在国外及我国中、大型猪场猪舍大多是高床漏缝地面（猪大小便从漏缝中漏下去），猪舍卫生、干净，猪舍小气候中最佳湿度为60%～70%。因此，猪舍设计时应考虑猪饮水、喂料、大小便等因素。

3. 光照　平时猪舍白天主要靠窗户、门采光，设计定位——自然采光。

光照不但用于照明，而且适度光照（50～100lx），可明显提高公猪的精液品质。

育肥猪光照不能强，以免影响休息。人们希望育肥猪吃过就睡、睡过就吃，所以育肥猪舍要很暗的灯光，饲养员能看见喂料就行了。

4. 有害气体　猪呼出的二氧化碳、水蒸气，加之猪粪便分解产物氨气、硫化氢等均是有害气体，严重污染猪舍小气候，不但引起猪发病率高，而且导致猪增重缓慢，生殖能力下降、眼炎等。所以在猪舍设计时，既要考虑猪舍保温，又要考虑通风以带走有害气体。

5. 气流

（1）在炎热天气，气流有助于猪体散热。夏天猪舍通风，对猪体健康防暑、正常生长都有好处。我国南方地区养猪生产中，要注意夏季通风换气，因为猪中暑死亡情况最为突出。

（2）在冬季低温条件下，猪舍内气流将猪体热量带走，加重了猪的寒冷刺激，极易引起猪感冒、受凉拉稀，抵抗力下降而继发其他疾病。冬季猪舍最怕穿堂风。所以在猪舍设计时，能够做到适度通风和冬暖夏凉，这是猪舍设计时要考虑的。

6. 噪音　猪是胆子小的动物，如猪在休息时，突然声响或大声喧哗都会引起惊群。又如，母猪喂奶时听到噪声，则泌乳量下降。猪舍噪声大，猪增重速度明显下降。

7. 灰尘和微生物　猪舍中灰尘和微生物一部分是舍外空气带入，更主要的是猪在舍内活动、吃料、排泄及用粉料喂猪时产生。特别是农村养猪冬季猪舍垫稻草等，灰尘和灰尘中携带的大量病菌，可引发猪大规模发病。

（二）主要环境调控设备

规模化养猪场主要环境调控设备是："喷雾降温系统"和"湿帘＋轴流风机"系统；冲洗消毒设备、加热保温设备等。

第九章
废弃物处理与资源化利用

第一节 原　　则

畜牧业作为现代农业的重要组成部分，事关人民生活和社会稳定，事关生态文明和人类福祉。畜牧业是链接种、养、加和推进生态循环农业发展的中轴产业，也是促进农民增收的重要支柱产业。2016 年中央 1 号文件提出“优化畜禽养殖结构，发展草食畜牧业”，推动粮经饲统筹、农林牧渔结合、种养加一体、一二三产业融合，为“十三五”草食畜牧业发展夯实了政策基础。2017 年，中央 1 号文件重点关注农业供给侧结构性改革，在发展规模高效养殖业中要求加快品种改良，大力发展牛羊等草食畜牧业，稳定生猪生产，优化南方水网地区生猪养殖区域布局，引导产能向环境容量大的地区转移。农业部《全国草食畜牧业发展规划（2016—2020 年）》明确提出坚持种养结合和草畜配套，进一步优化产业结构和区域布局，加快草食畜禽种业与牧草种业创新发展，大力推进标准化规模养殖，强化政策扶持和科技支撑，推动粮经饲统筹、种养加一体、一二三产业融合发展，不断提高草食畜牧业综合生产能力和市场竞争力，全面建设现代草食畜牧业。

针对畜牧业发展对环境承载能力的影响，《“十三五”生态环境保护规划》提到要大力推进畜禽养殖污染防治。划定禁止建设畜禽规模养殖场（小区）区域，加强分区分类管理，以废弃物资源化利用为途径，整县推进畜禽养殖污染防治。养殖密集区推行粪污集中处理和资源化综合利用。2017 年年底前，各地区依法关闭或搬迁禁养区内的畜禽养殖场（小区）和养殖专业户，大力支持畜禽规模养殖场（小区）标准化改造和建设。实施畜禽养殖废弃物污染治理与

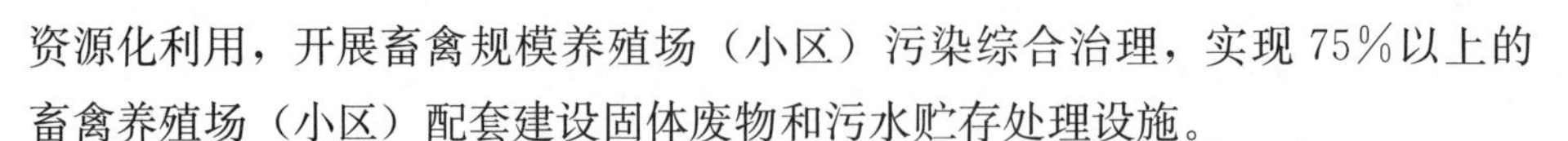

资源化利用，开展畜禽规模养殖场（小区）污染综合治理，实现75%以上的畜禽养殖场（小区）配套建设固体废物和污水贮存处理设施。

江苏省地处经济发达地区，现代农业发展水平位于全国的前列。江苏省在现代畜牧业发展中努力探索一条“高效养殖、科技创新、产业融合、生态健康”的具有江苏特点的畜牧业发展道路，力争建设更高水平的现代畜牧业。为贯彻江苏省政府《“两减六治三提升”专项行动方案》，2016年江苏省农业委员会、环境保护厅、国土资源部联合发布《加快推进畜禽养殖区域布局调整优化和养殖污染治理工作指导意见》，要求按照加快推进生态文明建设的总体部署，牢固树立绿色发展理念，以转变发展方式为主线，以推动畜禽标准化养殖和绿色发展为抓手，以实现畜禽养殖与环境保护协调发展为目标，调整优化畜禽养殖布局，推进种养业生态循环，促进畜禽粪便无害化、资源化利用，加快构建产出高效、产品安全、资源节约、环境友好的现代畜牧业产业体系。

一、减量化

猪场外排的粪污水量越少越好处理。首先，是雨水和污水的管道要分流；其次，粪、污水分流；要改变用水冲粪的办法。用水泡粪时，1个年产万头肉猪的养猪场，每天外排粪污水约200t；如减少90%，每天只排20t，那就容易处理了。过去，我们用水去把粪稀释，然后，再将它“固液分离”，这是在干“傻事”。现在的办法就是不用或少用水去冲粪，水、粪不能混合。同时，改用节水型饮水器。河南省某企业生产的“节水型饮水器”，可使平均1头肉猪（包括母猪、仔猪）的用水量只要450kg/年；而普通的饮水器1头肉猪（包括母猪、仔猪）的用水量要3 500kg/年。两者相比，可节约用水87%。

二、资源化

资源化即农牧结合，用土壤微生物去分解与发酵粪中的有机物，作生物有机肥料。“养猪不赚钱，回头看看田”是一句古老的农谚。历史上，我国在汉代、唐代开始大力发展养猪业时，就把养猪业和种植业结合起来。到了近代和现代，作为发展农业的基本理论仍然是“农牧结合”。虽然在19世纪时出现了“化肥”，随之全世界出现了化肥工业，使现代农民不愿去用又臭又不方便，价格又不合算的猪粪，但从改良土壤的角度来看，长期使用化肥会损坏土壤，只有使用有机肥才能改良土壤。猪粪污是制造生物有机肥的最好原料，猪是一个生物反应器。猪粪污依靠微生物分解，变成生物有机肥，被土地消纳，是最好的生态循环。

三、无害化

一个猪场除了向外排粪外，总还有少量的污水。对这些少量污水的处理，也可以通过微生物来分解。这些微生物来自农田或林中的土壤，通过筛选、培养，得到效果较好的菌株，使污水中的 COD 降下来，达到国家排放标准。最近我国有企业已引进了欧洲的膜处理技术（一种渗透膜法，RO 工艺），可使污水的 COD 下降到≤50mg/L 后再外排。

第二节　模　　式

一、污水的处理

（一）沼气（厌氧）-还田模式

1. 沼气（厌氧）-还田模式的适用范围　畜禽粪污或沼液还田作肥料，是一种传统、经济的处置方法。可以在不外排污染的情况下，充分循环利用粪污中有用的营养物质，改善土壤中营养元素含量，提高土壤的肥力，增加农作物的产量。分散户养殖方式的畜禽粪污处理，均是采用这种方法。这种模式适用于远离城市、经济比较落后、土地宽广的规模化养猪场。养猪场周围必须要有足够的农田消纳沼液。要求猪场养殖规模不大，一般出栏规模在 2 万头以下，当地劳动力价格低，冲洗水量少。

2. 沼气（厌氧）-还田模式的工艺流程　见图 9-1。

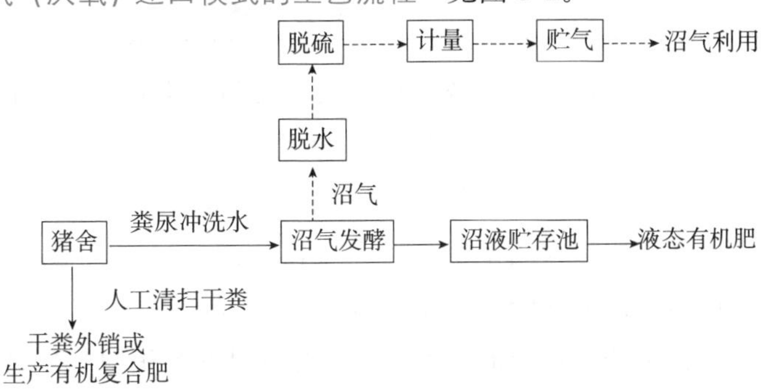

图 9-1　沼气（厌氧）-还田模式工艺流程

3. 沼气（厌氧）-还田模式的关键　要真正达到营养物质还田利用、污染物零排放，必须解决好4个关键问题：

第1个关键：猪场周围要有足够的土地，也就是要考虑周围土地的承载力。一些欧美国家就土地对厌氧消化残余物（沼渣、沼液）的承载力有明确的规定（表9-1）。我国上海、北京以及江苏等地也对畜禽粪污土地承载能力进行了研究，规定了土地承载能力（表9-2）。

表9-1　相关国家就土地对厌氧消化残余物承载力的规定

国家	氮每公顷年最大负荷	需要贮存的时间	强制的施用季节
奥地利	100kg	6个月	2月28日至10月25日
丹麦	牛：170kg；猪140kg	9个月	2月1日至收获
意大利	170～500kg	3～6个月	2月1日至12月1日
瑞典	基于畜禽数量	6～10个月	2月1日至12月1日
英国	250～500kg	4	
法国	150kg		
美国	第一年450kg，以后每年280kg	12个月	

表9-2　我国部分地区畜禽污染土地承载能力

地区	土地承载能力
上海	粮食作物，每年每公顷11.25t猪粪当量 蔬菜作物，每年每公顷22.5t猪粪当量 经济林，每年每公顷15t猪粪当量
江苏	大田，氮600kg/hm²，五氧化二磷270kg/hm² 大棚，氮1 200kg/hm²，五氧化二磷480kg/hm²
北京	粪肥30～45t/hm²

第2个关键：沼渣沼液的经济运输距离。厦门大学曾悦等以福建省为例，研究了粪肥的经济运输距离，认为猪粪的经济运输距离为13.3km、鸡粪43.9km、牛粪5.2km；而丹麦沼气工程的沼渣沼液运输距离一般在10km以内。规模化猪场冲洗水量大约是猪粪的10倍。因此，可以推测，规模化猪场粪污厌氧处理后沼渣沼液的经济运输距离在2km以内。

第3个关键：沼渣、沼液的贮存。必须要有足够容积的贮存池来贮存暂时没有施用的沼渣、沼液，不能向水体排放废水。一些欧美国家要求的粪肥或沼渣、沼液贮存时间见表 9-1。

第 4 个关键：沼渣、沼液还田利用的标准。目前，我国还没有制定沼渣沼液作肥料还田利用的标准。环保部门往往套用《农田灌溉水质标准》（GB 5084—1992）要求：对于水作，化学耗氧量（COD）＜200mg/L，生化需氧量（BOD_5）＜80mg/L，凯氏氮＜12mg/L，总磷（以磷计）＜5.0mg/L；对于旱作，COD＜300mg/L，BOD_5＜150mg/L，凯氏氮＜30mg/L，总磷（以磷计）＜10.0mg/L。畜禽粪污处理后，沼液基本达不到这个要求。如果经过处理后达到此要求，估计农户也不会利用了，因为氮、磷等营养物质都被去除了。尽管新的《农田灌溉水质标准》（GB 5084—2005）取消了对氮、磷指标的要求，但是将有机物指标提高了：对于水作，COD＜150mg/L，BOD_5＜60mg/L；对于旱作，COD＜200mg/L，BOD_5＜100mg/L。这两个标准比《畜禽养殖业污染物排放标准》（GB 18596—2001）的要求还要严格，沼液也很难达到这些要求。如果能达到这些标准，也就能达标排放了。因此，沼液还田利用仍然存在法律障碍。

4. 沼气（厌氧）-还田模式的优缺点　沼气（厌氧）-还田模式的主要优势在于：①污染物零排放，最大限度实现资源化；②可以减少化肥施用，增加土壤肥力；③耗能低，无须专人管理；运转费用低。

但是，沼气（厌氧）-还田模式也存在以下问题：①需要有大量土地利用沼渣沼液，出栏万头猪场至少需要 66.67hm^2 土地消纳沼渣、沼液，因此受条件限制，适应性不强；②雨季以及非用肥季节，还必须考虑沼渣、沼液的出路；③存在着传播畜禽疾病和人畜共患病的危险；④不合理的施用方式或连续过量施用，会导致硝酸盐、磷及重金属的沉积，从而对地表水和地下水造成污染；⑤恶臭以及降解过程产生的氨、硫化氢等有害气体，会对大气构成威胁。

（二）沼气（厌氧）-自然处理模式

1. 沼气（厌氧）-自然处理模式的适用范围　猪场粪污经过厌氧消化（沼气发酵）处理后，再采用氧化塘、土地处理系统或人工湿地等自然处理系统，对厌氧消化液进行后处理。这种模式适用于离城市较远，经济欠发达，气温较高，土地宽广，地价较低，有滩涂、荒地、林地或低洼地可作粪污自然处理系统的地区。养殖场饲养规模不能太大，对于猪场而言，一般年出栏在 5 万头以下为宜，以人工清粪为主、水冲为辅，冲洗水量中等。

2. 沼气（厌氧）-自然处理模式的工艺流程 见图 9-2。

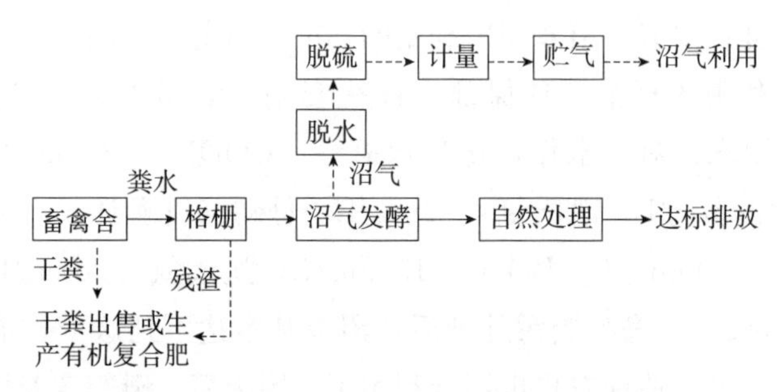

图 9-2 沼气（厌氧）-自然处理模式工艺流程

3. 沼气（厌氧）-自然处理模式的关键 沼气（厌氧）-自然处理模式，主要利用氧化塘的藻菌共生体系以及土地处理系统或人工湿地的植物、微生物净化粪污中的污染物。由于生物生长代谢受温度影响很大，其处理能力在冬季或寒冷地区较差，不能保证处理效果。因此，沼气（厌氧）-自然处理模式的关键问题是越冬。表 9-3 显示了某规模化猪场采用厌氧-自然处理模式处理猪场粪污在不同季节的出水水质。

表 9-3 某规模化猪场沼气（厌氧）-自然处理粪污的处理效果

指标	春季	秋季	冬季	标准允许排放浓度*
pH	6.84	7.62	7.62	6～9
悬浮物（mg/L）	22	80	90	200
化学耗氧量（mg/L）	100	267	330	400
生化需氧量（mg/L）	4.4	11.0	31.0	150
氨态氮（mg/L）	1.32	17.2	149	80
硝态氮（mg/L）	1.12	0.057	0.47	
亚硝态氮（mg/L）	1.50	5.30	1.60	
总氮（mg/L）	4.79	88.5	188	
总磷（mg/L）	2.08	7.16	11.5	8.0

* 《畜禽养殖业污染物排放标准》（GB 18596—2001）。

从表 9-3 可以看出，夏季、秋季的处理出水均能达到《畜禽养殖业污染物排放标准》（GB 18596—2001）。但是在冬天，化学耗氧量、生化需氧量等有机污染物指标能达到排放标准，而氨态氮、总磷离达标还有一定距离，说明冬季的处理效果不稳定。

4. 沼气（厌氧）-自然处理模式的优缺点　沼气（厌氧）-自然处理模式的主要优势在于：①运行管理费用低，能耗少；②污泥量少，不需要复杂的污泥处理系统；③没有复杂的设备，管理方便，对周围环境影响小，无噪声。

沼气（厌氧）-自然处理模式主要存在以下缺点：①土地占用量较大；②处理效果易受季节温度变化的影响；③有污染地下水的可能。

（三）沼气（厌氧）-好氧处理模式（工业化处理模式）

1. 沼气（厌氧）-好氧处理模式的适用范围　沼气（厌氧）-好氧处理模式的畜禽养殖粪污处理系统，由预处理、厌氧处理（沼气发酵）、好氧处理、后处理、污泥处理及沼气净化、贮存与利用等部分组成。需要较为复杂的机械设备和要求较高的构筑物，其设计、运转均需要具有较高知识水平的技术人员来执行。沼气（厌氧）-好氧处理模式，适用于地处大城市近郊、经济发达、土地紧张、没有足够农田消纳粪污的地区。采用这种模式的猪场规模较大，养猪场一般出栏在 5 万头以上。当地劳动力价格昂贵，主要使用水冲清粪，冲洗水量大。

2. 沼气（厌氧）-好氧处理模式的工艺流程　见图 9-3。

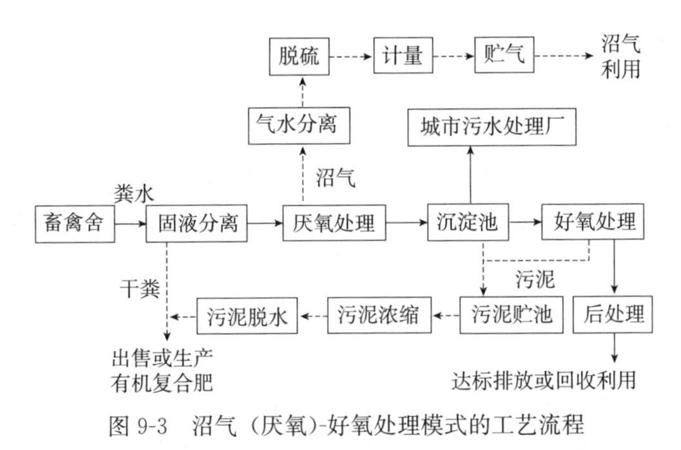

图 9-3　沼气（厌氧）-好氧处理模式的工艺流程

3. 沼气（厌氧）-好氧处理模式的关键　沼气（厌氧）-好氧处理模式的关键问题在于：猪场废水经过厌氧处理后，采用好氧生物处理工艺直接处理厌氧消化液的去除效果很差。笔者曾采用序批式活性污泥法（SBR）直接处理猪场废水厌氧消化液，污染物的去除效果很差。从表 9-4 可知，COD 去除率 8.31%、NH_3-N 去除率 78.67%；出水 COD、NH_3-N 均很高，分别为1 169mg/L、

158mg/L。

表 9-4 序批式活性污泥法（SBR）直接处理厌氧消化液的去除效果

项目	进水（mg/L）	出水（mg/L）	去除率（%）
化学耗氧量（COD）	1 275±180	1 169±135	8.31
氨态氮（NH_3-N）	741±35.2	158±46.2	78.67

为了证明试验的可靠性，也与其他研究者采用 SBR 直接处理猪场废水厌氧消化液的结果进行比较。其他研究者采用厌氧 SBR 工艺处理猪场废水的小试结果见表 9-5。

表 9-5 研究者采用 SBR 处理猪场废水厌氧消化液的小试结果

项目	COD（mg/L）	NH_3-N（mg/L）	pH	去除率（%）		资料来源
				COD	NH_3-N	
进水	1 429.1～1 440.9	1 393.7～1 422.0	8.00～8.14	71.5～73.0	55.0～57.3	杨虹等，2000
出水	389.3～407.3	594.9～634.8	5.46～5.68			
进水	592～1 560	449～911	7.20～7.50	−59.0～35.6	67.4～88.9	Edgerton 等，2000
出水	540～1 349	100～232	4.60～6.50			
进水	2 794	575	7.75	58.4	31.3	NgWG 等，(1987)
出水	1 161	180	5.91			

试验发现，猪场废水经过厌氧消化后，再利用 SBR 工艺进行厌氧消化液好氧后处理，硝化作用易导致处理系统酸化，致使 SBR 出水 pH 降至 6.0 左右，有时甚至低于 5.0，造成反应器工作不稳定。随着试验的推进，后期处理效果持续恶化。NH_3-N 去除率为 70%～90%，出水 NH_3-N 浓度高于 100 mg/L；COD 最高去除率为 50.0%左右，出水 COD 浓度一般在 1 000mg/L 以上。出水水质不能满足《畜禽养殖业污染物排放标准》（GB 18596—2001）。采用其他新工艺，如膜生物法（MBR）处理猪场废水厌氧消化液，处理结果也差不多。孟海玲等（2007）进行了膜生物反应器用于猪场污水深度处理中试试验，结果发现，COD 去除率在 64%～85%，出水 COD 浓度为 250～550mg/L。氨态氮去除率达 55.5%～92.8%，平均去除率为 73.1%，氨态氮出水浓度为 150～200mg/L。采用 SBR 工艺直接处理厌氧消化液，COD 和 NH_3-N 去除效率低，反应器工作性能不稳定。针对这些问题，农业沼气科学

研究所的研究人员开发了 Anarwia 工艺畜禽粪污处理专利技术（专利授权号 ZL 200410040855.3）。该工艺已经成功用于某养殖总场废水处理，该工艺日处理存栏 120 000 头猪（年出栏 20 万头育肥猪）猪场的废水 3 000t。运行效果见表 9-6。

表 9-6　Anarwia 工艺处理猪场废水的运行效果

项目	进水	厌氧处理	SBR	总去除率（%）
COD（mg/L）	5 616～9 965	711～1 423	216～341	>98
BOD（mg/L）	3 960～4 460	168～278	11.2～19.9	>99
NH_3-N（mg/L）	278～1114	348～1 029	2.4～9.9	>98
TN（mg/L）	754～1 415	590～917	51.8～51.9	>93
悬浮物（mg/L）	2 310～5 410	510～960	70～110	>97
pH	7.1～7.5	7.2～7.5	6.6～7.5	

表 9-6 结果表明，处理工艺对化学耗氧量、氨态氮的去除率达到 98%以上、生化需氧量去除率达到 99%以上、悬浮物去除率达到 97%以上、总氮去除率达到 93%以上。出水化学耗氧量、生化需氧量、氨态氮、悬浮物分别低于 350mg/L、20mg/L、15mg/L、120mg/L，达到《畜禽养殖业污染物排放标准》（GB 18596—2001）。

4. 沼气（厌氧）-好氧处理模式的优缺点　沼气（厌氧）-好氧处理模式的主要优势在于：①占地少；②适应性广，不受地理位置限制；③季节温度变化的影响比较小。

沼气（厌氧）-好氧处理模式的缺点主要表现在：①投资大，万头猪场的粪污处理，投资 150 万～200 万元；②能耗高，处理 $1m^3$ 污水耗电 2～4kW・h；③运转费用高，处理 $1m^3$ 污水运转费 2.0 元左右；④机械设备多，维护管理量大；⑤需要专门的技术人员进行运行管理。

3 种处理模式的经济分析，以年出栏 10 000 头猪的规模化猪场为例。3 种模式都采用干清粪工艺，每天污水量大约 $100m^3$，进水化学耗氧量 6 000～8 000mg/L、生化需氧量 3 500～4 500mg/L、悬浮物 3 000～4 000mg/L、氨态氮 500～700mg/L、pH7～7.5。沼气（厌氧）-自然处理模式、沼气（厌氧）-好氧处理模式的处理出水达到国家《畜禽养殖业污染物排放标准》（GB 18596—2001），即化学耗氧量<400mg/L，生化需氧量<150mg/L，悬浮物<

200mg/L，氨态氮＜80mg/L，pH6～9。

3种模式的经济比较见表9-7。

表9-7　出栏万头的猪场粪便污水不同处理模式的投资及运行费用比较

费用	沼气-好氧处理	沼气-自然处理	沼气-还田
污水处理投资（万元）	170	180	160
年耗电量（kW·h）	101 470	3 285	4 745
年污水处理运行费用（万元）	−11.17	−3.27	−2.32*～182.32**
年节约化肥收入或种植收益（万元）			1.28*/30.0**
年沼气产量（m^3）	73 000	73 000	73 000
沼气收益（万元）	5.84	5.84	5.84
年总收益（万元）	5.84	5.84	7.12*～35.84**
年利润（万元）	−5.33	2.57	4.80*～146.48**

* 猪场自有土地足够消纳猪粪水厌氧消化液；

** 猪场没有土地足够消纳猪粪水厌氧消化液。

表9-7分析表明，几种处理模式的投资比较接近，以沼气（厌氧）-自然处理模式稍高，沼气（厌氧）-好氧处理模式次之，沼气（厌氧）-还田模式最低。沼气（厌氧）-好氧处理模式的耗电量和运行费用，均高于沼气（厌氧）-自然处理模式和沼气（厌氧）-还田模式。如果规模化猪场没有足够自有土地消纳厌氧消化液，靠租用土地来消纳，沼气（厌氧）-还田模式的运行费用明显高于沼气（厌氧）-自然处理模式与沼气（厌氧）-好氧处理模式。对于拥有土地的猪场，采用沼气（厌氧）-还田模式，即使种植作物或饲料没有利润，其运行费用显著低于沼气（厌氧）-好氧处理模式。沼气（厌氧）-好氧处理模式运行费用非常高，小的规模化猪场是难以承受的，即使能修建处理设施，也可能会因为高运行费用而无法运转，该模式只能在前两种模式无条件应用时才选用。沼气（厌氧）-还田模式可以实现污染物零排放，资源化程度最高，但是，如果规模化猪场没有足够的农田消纳粪污，需要周围农户使用粪污，这就存在着与周围农户协调问题；如果租用土地来消纳粪污，也存在非常高的运行费用。沼气（厌氧）-自然处理模式的运行费用较低，在规模化猪场没有土地的情况下，租用土地的运行费用也低于沼气（厌氧）-好氧处

理模式。如果计算产生沼气以及节约化肥的收益，沼气（厌氧）-自然处理模式与拥有自有土地的沼气（厌氧）-还田模式均能获得利润，而沼气（厌氧）-好氧处理模式仍然入不敷出。我国规模化猪场大多建在离城市较远的地区，饲养规模不大。因此，粪污处理应优先考虑沼气发酵，沼渣、沼液还田利用，利用不完而剩余的再采用自然处理模式进行处理。只有在猪场规模比较大、并且周围土地十分紧缺的情况下，才推荐采用沼气（厌氧）-好氧处理模式。

二、粪便的处理

猪粪发酵处理是减少猪粪污染、资源化利用猪粪的前提。猪粪发酵的方法既可采取自然发酵的方法，也可采取人工发酵的方法。猪粪自然发酵，可在猪粪中加入一些益生菌进行发酵，发酵过程中产生的高温能够杀死病原微生物；人工发酵是在加入益生菌的同时，用稻壳、木屑、稻草等进行搅拌发酵。发酵好的猪粪可用于种植蔬菜、果树，也可用于养殖蚯蚓、蝇蛆等。

猪粪发酵后就可用于资源化利用，猪粪资源化利用的方法，主要包括直接用于果树、蔬菜的种植肥料，养殖蚯蚓、蝇蛆、黑水虻等几种。

1. 直接用于果树、蔬菜的种植肥料　猪粪在进行发酵处理后，特别是在添加有益菌、稻壳、木屑等搅拌发酵处理后，猪粪中的蛋白质等有机物得到一定程度的分解，臭味得到有效改善，可用于果树、蔬菜的种植。但这种方法虽然在很大程度上降低了猪粪直接用于种植业对土壤的破坏，但也存在过量施用猪粪造成施肥地土壤板结的现象。

2. 生产蚯蚓与蚯蚓粪　猪粪用于养殖蚯蚓，养殖的蚯蚓是一种具有多种用途的环节动物，且养殖蚯蚓后的猪粪变为松软的蚯蚓粪，蚯蚓粪用于制作生物有机肥具有极强的优势。蚯蚓的蛋白含量高，含有蚯蚓抗菌肽、蚓激酶等多种活性物质，具有多种生物学功能；蚯蚓直接饲喂鸡、鸭等动物，可显著提高其生长速度，增加其抗病能力；制成蚯蚓液，可用于制作抗菌物和植物叶面肥。蚯蚓粪也可用于生产动物蛋白饲料，其含有蚯蚓活性物质，且N、P、K比例合适，用于制备果蔬生物有机肥，可提高产量、改善果蔬品质和修复土壤等。中小型猪场把猪粪发酵处理后养殖蚯蚓，是一种既可以有效减少猪粪污染、又能够最大限度地利用猪粪，实现猪场效益最大化的较好方式。

3. 利用猪粪养殖蝇蛆　开展蝇蛆养殖，可生产蝇蛆，处理后的猪粪变为蝇蛆粪也具有较好的用途。蝇蛆是一种动物昆虫，具有较高的蛋白含量，其蛋白质组成中各种必需氨基酸的含量都较高，蝇蛆粉用作蛋白饲料可与优质鱼粉媲美；蝇蛆体内含有蝇蛆抗菌肽，用作饲料养殖动物，可显著提高动物的抗病能力；蝇蛆体内的甲壳素，在生物医药领域还具有较多用途。蝇蛆粪也可用于制作生物有机肥，其肥料的营养均衡。因此，用猪粪养殖蝇蛆也是一种较好的资源化利用猪粪的模式，且用猪粪养殖蝇蛆能够快速地处理猪粪，使猪粪快速转变为蝇蛆及蝇蛆粪。

4. 养殖黑水虻　猪粪也可用于养殖黑水虻，养殖的黑水虻是一种较好的昆虫蛋白饲料，能够制备多种动物饲料。黑水虻处理猪粪具有速度快、处理相对彻底的特点，处理后的猪粪能够直接用于种植业。中小型猪场猪粪资源化利用，可根据自身具备的土地、栏舍以及周边情况进行综合选择。

第三节　案　例

EM（effective microorganisms）菌作为一种微生态制剂，可增加畜禽营养，提高生长速度，改善肠道菌群，增强免疫能力，提高抗病性，还能改善猪肉品质、提高产品质量。同时，EM菌能够降低有毒有害物质含量，减少养殖业的污染和蚊蝇滋生，改善猪舍环境卫生。

杨剑波等（2017）研究EM菌发酵饲粮对妊娠母猪消化水平和EM菌液对猪舍环境的影响，试验选择44头枫泾母猪进行发酵饲料饲喂试验。采集饲喂常规饲粮和饲喂EM发酵饲粮30d时的猪粪便，对粪便中粗灰分、水分、粗脂肪、粗纤维和粗蛋白含量进行检测；对猪舍使用菌液泼洒处理，检测氨气浓度和舍内苍蝇、蛾蚋数量。结果表明，饲喂EM菌发酵饲粮后，猪粪便中粗灰分和粗纤维含量极显著低于未发酵前（$P<0.01$）；饲喂EM菌发酵饲粮后，粪便中水分含量显著低于未发酵前（$P<0.05$）；饲喂EM菌发酵饲粮后，粪便中粗脂肪和粗蛋白水平与未发酵前差异不显著（$P>0.05$）。EM菌液冲洗圈舍后，氨气浓度呈下降趋势，30d时氨气浓度极显著低于处理前（$P<0.01$）；苍蝇和蛾蚋数量也呈下降趋势，到30d显著低于处理前（$P<0.05$）。说明对饲粮进行EM菌发酵处理，能够促进枫泾妊娠母猪对粗纤维、矿物质

和水分的利用。

1. 试验设计

（1）EM 菌的活化及菌液制作　取 EM 菌 10g（1 瓶）、红糖 0.1kg、食盐 1g、尿素 3g、无菌水 1kg，混匀后加入发酵罐密闭发酵 1～3d，放气减压 1～3 次，制成菌液 A。EM 菌的活化：菌液 A1kg、红糖 2kg、清洁水 17kg、食盐 20g、尿素 20g，二级发酵 3～5d。每天早晚摇晃、放气减压一次，至产生气体并可闻到酸甜味即发酵成功，此时 pH 约为 5.0。制成的 EM 增活菌，可用于 EM 菌发酵饲粮的制作。增活菌液与水按 1∶50 比例配制，可用于清洗圈舍粪污集中地。

（2）EM 菌发酵饲粮的制作　将不含预混料的 240kg 基料与 EM 稀释增活菌液充分混合，手捏成团不滴水，装入发酵车，密封 3～5d 后发酵完成。质量好的发酵饲粮具有酒香味或苹果香味，尝有酸甜味。

（3）饲养试验　将 44 头枫泾母猪随机分配到 8 个圈，用常规料预饲 10d，现场收集无尿液污染的新鲜粪便，装入 10mL 离心管，做好标记，－20℃低温保存，待测。常规饲粮与 EM 菌发酵处理饲粮（补充预混料）按 4∶1 比例混合饲喂，观察猪的行为状态，30d 后采集粪便，处理方法同上。试验期间每天饲喂 2 次，分别在 07：00 及 15：00，饮水不限。每天 06：00、14：00 打扫圈舍。试验期间消毒、免疫按常规饲养管理程序进行。

2. 试验结果

（1）饲喂 EM 菌发酵饲粮对粪便中粗灰分的影响　饲喂含 20％ EM 菌发酵处理饲粮，猪粪便中灰分含量极显著低于未发酵前（$P<0.01$）。对饲粮进行发酵处理能够提高猪对无机成分的吸收，可能的原理是 EM 菌群充分利用无机物成分、吸收肠道食糜中矿物质元素等，再被消化而间接促进猪对矿物质的吸收。

（2）饲喂 EM 菌发酵饲粮对粪便中水分的影响　饲喂含 20％EM 菌发酵处理饲粮，猪粪便中水分含量显著低于饲喂前（$P<0.05$）。说明对饲粮中进行 EM 发酵处理，能提高肠道对水的吸收作用。分析可能是 EM 菌群一方面改善肠道内环境、减少致病菌群，另一方面发酵处理提高了饲粮中粗纤维消化水平和水分的利用率。

（3）饲喂 EM 菌发酵饲粮对粪便中粗脂肪的影响　饲喂含 20％EM 菌发酵处理饲粮猪粪便中粗脂肪含量略高于饲喂前（$P>0.05$）。说明对饲粮进行发酵处理对猪粗脂肪的吸收无明显促进作用。

(4) 饲喂EM菌发酵饲粮对粪便中粗纤维的影响　饲喂含20%EM菌发酵处理饲粮，猪粪便中粗纤维含量极显著低于饲喂前（$P<0.01$）。说明对饲粮进行发酵处理后明显提高了粗纤维利用率，分析可能是饲粮和食糜中粗纤维经EM菌利用，减少了粪便中的粗纤维含量，提高了猪对粗纤维的利用效率。

(5) 饲喂EM菌发酵饲粮对粪便中粗蛋白的影响　20%EM菌发酵处理饲粮，饲喂前后猪粪便中粗蛋白含量无显著差异（$P>0.05$）。说明饲粮EM菌发酵处理对猪的粗蛋白利用无明显改善作用。

(6) 氨气浓度变化　舍内泼洒EM菌液体后，猪舍中氨气浓度得到较好的控制，经过1个月的处理，第30天猪舍中的氨气浓度显著低于第9天（$P<0.05$），与刚开始相比差异极显著（$P<0.01$）。分析EM菌利用粪便中的有机物质，减少了有机物自身腐败分解；同时，EM菌对尿氮的利用，减少了脲酶作用，从而综合降低了猪舍中氨气浓度，改善了猪舍空气环境质量（图9-4）。

(7) 苍蝇、蛾蚋的变化　经过30d的EM菌液处理，猪舍中苍蝇和蛾蚋数量显著下降（$P<0.05$）。说明随着EM菌对粪污中蛋白质等物质的消耗，圈舍空气环境改善，因腐败气味而吸引的苍蝇和蛾蚋数量减少；同时，EM菌也起到了竞争性抑制苍蝇、蛾蚋虫蛹羽化的作用，使得苍蝇和蛾蚋的数量下降（图9-5、图9-6）。

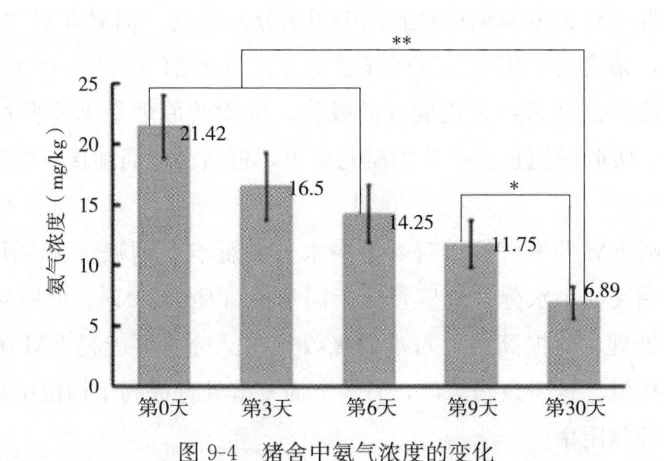

图9-4　猪舍中氨气浓度的变化

［注：图上标注*表示差异显著（$P<0.05$）；**表示差异极显著（$P<0.01$）］

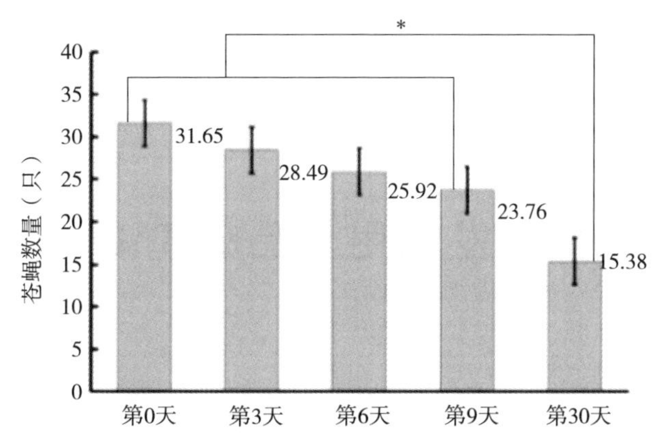

图 9-5　猪舍中苍蝇数量的变化
[注：* 表示差异显著（$P<0.05$）]

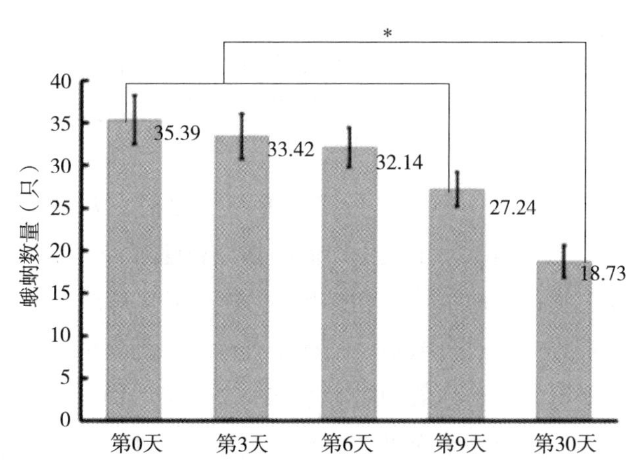

图 9-6　猪舍中蛾蚋数量的变化
[注：* 表示差异显著（$P<0.05$）]

第十章 枫泾猪开发利用与品牌建设

第一节 品种资源开发利用现状

采用保种场保护，在江苏镇江和上海金山分别建有枫泾猪保种场，在江苏吴江市、徐州市、泰州市农村尚有少量饲养。枫泾猪作为太湖猪的一个类群，1986年收录于《中国猪品种志》。

在产区除少量纯繁外，枫泾猪母猪主要与长白猪、大约克夏猪、皮特兰猪、杜洛克猪开展二元和三元杂交生产商品猪。曹建国等（1998）根据上海市科技兴农重点攻关项目基地示范场和扩繁场1996年5月至1997年12月的部分生产记录和观察数据，对金枫猪、长枫杂种猪及枫泾猪的繁殖性能进行了比较，长枫组、金枫组的窝产仔数均略有增加。金枫猪（商品名）是以枫泾猪和皮特兰猪杂交而成的瘦肉型杂交母系，具有枫泾猪母性好、产仔率高、全身被毛黑色的特点，与长白猪杂交生产的商品猪生长速度快、饲料转化率高，且胴体瘦肉率在60%以上，无PSE肉发生。

太湖流域纯种地方猪的育肥效果较差，但用外种公猪与之杂交，都能获得较好的杂种优势。在太湖猪原产地部分农村地区，20世纪50年代起开始采用中型约克夏猪与地方猪杂交生产商品猪；50年代后期至60年代，大量利用杂种母猪，出现了相当数量的血缘不清的杂种母猪；70年代起逐步恢复了使用地方猪与外种公猪的杂交，生产一代杂种肉猪。到70年代末、80年代初，随着国外瘦肉型猪种的引进；江、浙、沪三地都进行了瘦肉型公猪与地方母猪间的二元和三元杂交试验，筛选出一批生产性能高、有一定推广价值的瘦肉型杂交组合。与此同时，上海、苏州等地为解决地方猪纯繁所得阉公猪生长缓慢、销路不畅等问题，进行了地方猪各品种间杂交配合力试验，筛选出具有显著杂种优势的品种间杂交组合，取得了较好的效果。80年代以来，国内外引进太湖流域地方猪的国家和地区日益增多，也都进行了地方猪杂交利用的研究。

通过杂交，利用后代产生的杂种优势，生产生命力强、经济效益高的商品猪。

二元杂交是生产商品猪的主要方式，在少数城郊地区已采用三元杂交方式生产商品瘦肉猪。部分供港产区，还采用四元杂交方式生产供港瘦肉猪；在上海、苏州等地的部分县，利用地方品种间杂交方式生产杂种母猪，然后与外种公猪杂交生产杂种商品猪。

一、地方品种间杂交

地方品种间的杂交，是为了获得比纯种更有效的经济杂交母本，同时，减轻纯种阉公猪生长缓慢的经济损失。

上海市地方猪种杂交配合力研究协作组于1977—1980年，进行了松江和金山的枫泾猪、嘉定县的梅山猪、崇明县的沙乌头猪各地方品种间杂交配合力试验。结果表明，各闭锁群间的杂交，在日增重和饲料利用率等性能方面表现出显著的杂种优势；杂种肉猪的日增重比纯种肉猪提高10%，好的组合如松江枫泾猪×嘉定梅山猪组的日增重比梅山纯种提高20.53%，松江枫泾×崇明沙乌头组的日增重比沙乌头纯种提高13.81%，即使同品种的枫泾猪的松江枫泾×金山枫泾组的日增重也比金山枫泾纯种提高10.01%；地方品种间杂种肉猪的每千克增重耗料比，比纯种降低8%～9%。

据杨少峰等（1985）报道，正交时，产仔数＋21.4%，产活仔数＋14.61%，初生个体重－0.59%，断奶仔猪数＋16.15%，断奶窝重＋12.12%，断奶个体重－3.5%；在回交时，杂交效果不显著。

二、二元杂交

二元杂交是目前养猪业生产的主要方式。为了筛选出既能适应当地农村饲养条件，又能获得较好产肉性能的杂交组合，江浙沪在20世纪80年代初，普遍进行了地方品种母猪与外来瘦肉型公猪间的二元杂交组合试验。

“金枫”猪是由枫泾猪、长白猪、皮特兰猪杂交而成的商品瘦肉型猪。曹建国等（1998）统计了上海市科技兴农重点攻关项目基地示范场和扩散场1996年5月至1997年12月的部分生产记录和观察数据。研究表明，“金枫”猪母系初产10.68头/胎，经产12.40头/胎，平均初生重1.202kg/头。泌乳性能强，21日龄窝重63.04kg；35日龄离奶头数10.68头，窝重86.62kg。发情明显，阴户红肿、阴道分泌物两个生理反应症状100%个体明显表现。一次配种受胎率86.49%。断奶后发情正常，6d之内发情配种的占82.22%。临产前4h就能挤出线状奶水，每产1头仔猪的间隔为7.66min，总体指标优于“长枫”“长上”母猪。示范证明，“金枫”猪既具有枫泾猪母性好、产仔率高的优点，又具有皮特兰猪瘦肉率高、生长速度快的优点。胴体瘦肉率达60%以上，无PSE肉发生，肉质良好，值得推广。

据杨少峰等（1985）报道，据34窝资料表明，以外来品种苏白猪为父本的二品种杂交，产仔数－0.47%，产活仔数－5.81%，初生个体重＋6.47%，断奶仔猪数＋0.19%，断奶窝重＋14.87%，断奶个体重＋18.13%；而回交时，杂交效果多数低于正交。

郑友民等研究了以枫泾猪为母本的瘦肉型母本品系的培育，采用长白猪与枫泾猪杂交，产生长白×（长白×枫泾）杂交猪，组建品系选育基础群，横交固定，形成育种群；经过4个世代的选育，品系主要指标：产仔数13.71头，产活仔数12.87头，平均日增重615g，料重比3.18，体重达90kg日龄178.9d，背膘厚17.09mm，胴体瘦肉率59.65%，肉质优良，无PSE和DFD肉（表10-1、表10-2）。

三、多元杂交

据杨少峰等（1985）报道，以25%血统为枫泾猪母本的三品种杂交时，除初生个体重＋22.9%、断奶个体重＋68.8%外，其余指标全部下降（表10-3）。

表 10-1　以枫泾猪为母本、外来品种为父本的杂交试验结果

父本	头数	始重（kg）	末重（kg）	平均日增重（g）	每千克增重需			屠宰头数	屠宰率（%）	胴体重（kg）	平均背膘厚（cm）	眼肌面积（cm^2）	胴体瘦肉率（%）	胴体脂肪率（%）	胴体皮率（%）	胴体骨率（%）
					配合料（kg）	DE（MJ）	DCP（g）									
杜洛克	9	17.48	90.14	702	3.01	38.37	376.0	4	74.29	65.38	3.5	32.86	54.64	24.63	8.53	10.73
汉普夏	9	15.41	88.86	589	3.54	44.85	435.0	3	76.58	68.49	4.2	29.94	45.51	28.15	7.83	8.59
长白	9	15.64	87.67	630	3.54	44.89	439.0	3	71.66	62.86	3.28	27.61	49.85	30.64	8.95	10.54
大约克	9	18.03	90.81	808	3.36	42.97	423.0	3	70.7	64.5	3.5	27.75	47.61	32.69	9.4	10.3

表 10-2　中畜 I 母系性能测定结果

项目	平均数±标准差	项目	平均数±标准差
产仔数（头）	13.71±1.76	屠宰体重（kg）	90.12±1.96
产活仔数（头）	12.87±1.18	屠宰率（%）	73.94±1.65
初生重（kg）	1.27±0.28	胴体平均膘厚（cm）	2.30±0.59
21 日龄重（kg）	4.99±0.29	眼肌面积（cm^2）	31.62±3.10
42 日龄重（kg）	10.89±1.77	胴体瘦肉率（%）	59.65±3.20
体重达 90kg 日龄（d）	178.9±6.86	pH1	5.93±0.31
20～90kg 日增重（g）	615±85	肉色值	24.14±5.86
饲料/增重	3.18±0.25	肉色评分	4.19±0.83
体长（cm）	113.5±4.56	系水力（%）	68.61±15.74
体高（cm）	64.10±3.15	滴水损失（%）	4.26±3.17
胸围（cm）	96.5±2.85	大理石纹评分	2.61±0.71

（续）

项目	平均数±标准差	项目	平均数±标准差
腿围（cm）	86.5±3.14	熟肉率	66.51±2.51
平均背膘厚（mm）	17.09±3.86		

表 10-3　以枫泾猪为母本的多元杂交性能测定

母本	父本	头数	始重（kg）	末重（kg）	平均日增重（g）	每千克增重需			屠宰头数	屠宰率（%）	胴体重（kg）	平均背膘厚（cm）	眼肌面积（cm^2）	胴体瘦肉率（%）	胴体脂肪率（%）	胴体皮率（%）	胴体骨率（%）
						配合料（kg）	DE（MJ）	DCP（g）									
汉枫	杜	3	22.3	96.03	495	3.54	—	—	3	74.83	68.73	3.48	33.78	55.16	28.69	7.41	8.76
长枫	杜	3	21.09	93.72	567	3.8	39	311	3	72.08	67.63	4.22	25.98	53.5	33.16	5.91	7.34
大枫	杜	3	21.24	95.47	455	3.56	—	—	3	73.06	69.75	3.22	32.56	61.1	22.36	6.75	9.8
杜枫	汉	3	21.62	92.42	473	3.29	—	—	3	74.07	66.59	3.07	35.67	62.16	22	7.44	8.41
长枫	汉	3	21.86	94.14	488	3.57	—	—	3	75.79	69.03	3.11	34.17	51.68	24.15	8.1	10.07
大枫	汉	3	22.72	93.84	436	3.35	—	—	3	76.36	69.01	2.7	34.96	62.07	21.89	7.06	8.49
杜枫	长	4	20.75	93.9	572	3.57	—	—	4	76.36	69.01	2.7	34.96	62.07	21.89	7.06	8.49
汉枫	长	4	20.65	92.56	512	3.67	—	—	4	73.86	66.76	3.21	33.31	58.59	24.47	8.48	8.46
大枫	长	3	21.14	93.02	499	3.3	—	—	3	73.02	66.27	3.16	30.14	58.25	23.98	8.55	9.2
杜枫	大	3	22.15	91.78	525	3.13	—	—	3	72.58	64.83	2.74	29.58	60.3	22.67	7.94	9.09
汉枫	大	3	19.46	91.78	618	3.46	—	—	3	72.31	66.34	2.98	30.65	59.55	23.97	7.55	8.93
长枫	大	3	20.09	91.03	427	3.85	—	—	3	74.36	66.98	3.3	25.92	56.02	27.54	7.15	9.28

第二节　主要产品加工及产业化开发（案例、模式）

一、主要产品加工

1. 枫泾丁蹄　枫泾猪的主要特色产品是丁蹄。枫泾丁蹄历史悠久、选料讲究、工艺独特、配料恰当、火候有序，色、香、味俱全，深得食客的赞赏。枫泾丁蹄造型美观，为馈赠亲友之上品，不仅在沪、浙地域享有盛名，而且远销南洋、欧美，曾获得20多个国家的奖状和证书。有首民谣唱道："枫泾镇上三件宝，丁蹄、香干、状元糕，借问欲觅双特酒，不知要过几顶桥。"枫泾镇三件宝中，丁蹄最负盛名。

丁蹄烧煮时，锅底铺上猪皮，以防丁蹄烧焦带焦味，然后蹄髈下锅加水，拌以天然特晒酱油、精盐、冰糖、陈酒、茴香等作料，经"三旺三文"的火候煨焖，将骨取出，皮朝下放，置入刻有"丁义兴"金属印模的特制碗中，浇上滤净杂质的汤汁，冷却即成，剩下的汤汁为原卤，复煮复添，循环不断，其味浓郁。丁蹄的烹饪技术，无法细述，仅从丁义兴饭店当学徒首先要学会的几件事，其质量要求之严，就可见一斑。第一学会烧火，昔时，燃料要用硬柴（树枝、木块等），火要"文""武"相宜，时烧时焖，掌握火候，既要火功透，又不能有焦痕；第二学去毛除骨，要求毛骨去干净，当时，店家为创牌子，宣告如在吃丁蹄时发现一根猪毛或一块小骨头，不仅分文不收，还要罚赔一只；第三学会撇油，要求猪蹄汤汁不带一点油花；第四学会翻碗，即装盛丁蹄的碗要绝对干净，这样在丁蹄凝结后，表面光洁，不带麻点，这也是丁蹄能久贮的原因之一。由于工艺独特，枫泾丁蹄具有色、香、味三全之美，"酥""嫩""糯"老幼咸宜的特色风味，凡是尝过枫泾丁蹄的人，无不交口称赞，其入口皮酥肉嫩，肉质糯而不腻，汤汁浓而不油；冷却成块，汤冻皮不硬，热吃入碗蒸热，汤汁渗入皮肉，喜肥者吃皮，喜精者吃肉，各得其所。如今已经是21世纪，人们对菜肴的要求越来越高，大块的红烧肉早已不上酒席台面，但是，假如在盛筵上送来两盆枫泾丁蹄，必将使满桌生色，并且一定会被食客风卷残云般的一扫而尽。

枫泾丁蹄还有一个最大的优点，即冬天冻而不硬、夏天热而凝结，在过去没有冰箱等现代贮藏条件的情况下，在炎热的夏天也能保存一周而不变质，加上包装精美，古色古香，便于携带，人们买上一二只丁蹄，用特制的竹篾小筐提于手中，走亲访友，确是上乘礼品。

2. 枫泾蹄筋　蹄筋是丁义兴的主产品之一，它取猪腿膝骨部位的精肉烧制而成，工艺、火候与丁蹄相似，它的风味特点是肉嫩、筋酥、味香鲜美。最受喜精厌肥人的欢迎，特别是妇女、年轻人更爱吃。1951年，上海人民广场举办土特产交流大会，丁义兴的蹄筋曾与无锡名产“肉骨头”竞销。丁义兴的蹄筋味鲜可口，色香味俱佳，受到顾客的争购。制作过程：选用枫泾猪蹄蹄子下部带骨、带筋、去皮的腿肉，切成每块70g、中间带骨，然后用线扎紧待煮（后因销量增加，需猪蹄太多，而改用腿精肉或纯精肉为蹄筋生坯）。蹄筋的烧煮十分讲究，用特晒酱油、精盐、冰糖、黄酒、茴香等作料，用以制作“丁蹄”的老汤汁，经旺火、文火烧煮煨焖而成。

3. 大肉　也是丁义兴名菜。它是用猪肉短肋带皮切成方块，与蹄子同锅混烧而成。火候足蹄汁渗入，使肉味与蹄子相似，鲜嫩可口，入嘴肥润，深受壮年人和农民喜爱，日烧日销，一上市即被抢购一空。

4. 蟹肉圆　用肥精猪肉各半，切碎做成肉圆，上面放些蟹肉，上笼蒸熟，汤清肉嫩，虽夹入肥肉，但觉鲜嫩而无油腻，使不喜欢吃肥肉的人也来购食。这一名菜主要是适应河蟹“五月黄”的应市，故在小暑至立秋的一个月时期内应市。

5. 蹄皮　蹄皮是烧制蹄子的副产品。为防止丁蹄烧焦，在锅底铺放修整后的肉皮，在丁蹄出锅时，同时将铺底的肉皮取出。因肉皮和丁蹄同烧，其味与丁蹄共美，皮质香软，入口鲜糯。喜食肉皮的人，争相购食。

6. 火夹肉　火夹肉是枫泾镇裕丰菜馆的一道名菜，它用一片火腿肉、一片冬笋、一片鲜猪肉，按次相互间夹，成圈排放碗内，下铺发菜，上笼蒸透，随出笼随吃。火腿、冬笋本是鲜美之食料，发菜又是佳品，混合蒸透，入口既香又鲜，味留舌喉，食不停筷。

7. 走油蹄子　也是裕丰菜馆的一道名菜，它选择厚皮蹄子，入油锅余烧而成。由于肥膘解化，肉皮开花，入口香松，爱吃肉食的人都喜欢尝此佳肴。

8. 熏腿筒　为新中国成立前朱泾镇鸿运楼酒馆的特色传帮菜，20世纪30年代名闻县境内外。1984年，郊县名菜评比中再次扬名。制作方法：选用枫泾小壮猪的后腿，抽去内骨，用盐腌制少许后，卷成筒形，隔水蒸熟，然后在锅内放入菜油、茶叶、红糖、大葱等作料，将蒸熟的腿筒隔在上面熏烘，至皮色呈朱红光亮即可，是鲜嫩、美味、可口的佳肴。

9. 扎肉　张堰镇慕荣记酒菜馆的特色菜，其肥而不腻，色、香、味俱佳，是四季皆宜的大众佳肴。慕荣记商号店主慕水荣原是理发店主，日寇侵占张堰时理发店被毁，后改行设街头线粉摊。由于他生财有道，积蓄些钱财开设慕荣记酒菜馆。慕水荣制作扎肉考究，扎肉物美价廉，美味可口，特有风味，城乡居民十分爱吃。端午至中秋，扎肉热销旺季，扎肉成为张堰镇的特色佳肴。制作方法：选用有皮猪肉五花肋条，切成100g一块，每块用柴草或线扎2道，以25块为一锅，加入沸水中焯水，洗净沥干水渍，用特晒酱油、黄酒、白糖调成卤汁，倒入锅中，套上竹垫，用中火烧煮约一小时，改用文火焖煮，至表皮八成酥时再用中火收汁，待肉成酱色，汤汁发黏即可起锅。

10. 熏肠　新中国成立前，这是吕巷镇流动小商贩“潮桶担子”的特色菜肴。当时，因熏肠利薄，制作又难，吕巷酒菜馆均无此菜，仅有麻子云观等几户“潮桶担子”烧煮熏肠，走街叫卖。盛夏初秋时节，是熏肠的热销季节。吕巷镇上几户“潮桶担子”走街串巷叫卖时，潮桶内的熏肠一路飘香。烧煮方法：选用壮猪的大小肠各一副，用盐、矾、醋反复洗净去污，除去大肠厚油，放入锅内加水煮熟取出，将大小肠各切成60cm左右为一段，把5～7段小肠用线扎在竹筷子一端塞进大肠内，再上锅加水焖烧一小时，捞起沥干水渍，然后用红糖、菜油、茶叶、大葱放入空锅内，上面架放上熟肠段，加盖用旺火熏烧5min左右，待有焦香味时取出涂上麻油，即可切片品尝。若用细熟盐蘸食，滋味更佳。

11. 梅菜烧肉　此肉每当夏秋之交，城乡居民尤为喜吃。其烧煮简单，以有皮猪肉肋条为主。每50g切成2～3块，以1kg猪肉配以梅菜干（梅菜干先用开水泡过，用水洗净沥干待用），然后将切好的小块猪肉放入锅内沸水中泡沸几分钟后，捞出去污洗净，再把块肉和梅菜一起放入锅中，加水，用旺火、中火加盖焖煮一小时，然后用特晒酱油、黄酒、白糖、味精（后放）等作料烧煮，待块肉和梅菜煮成浓油赤酱时（汤汁稍黏，切忌烧干），即可起锅食用。

二、产业化开发

枫泾为沪郊古镇，地处两省五县交界，水陆运输四通八达。当时百业农为先，欲得粮食丰收，肥田十分重要，养猪在农村中持久不衰，饲养的品种为枫泾猪，产地农民叫土种猪，属地方良种，具有性早熟、母性好、产仔多、适应性强、肉质鲜嫩等特点。在当时的饲养条件下，枫泾猪的日增重仅为300g左右，饲养期长，因而肉质更鲜美。枫泾丁蹄的原料就来源于枫泾猪，枫泾猪体小肉壮，特点是皮薄肉嫩，每只猪蹄髈重750g，猪蹄经镊毛、括皮、洗净，并削修成形后，下锅加水，进行烧煮，在选料、加工上不断精益求精，才使丁蹄声名远扬。

枫泾丁蹄从选料到加工，其独特的历史与工艺包含中国丰富的食文化内涵，这是西方现代肉产品加工无法比拟的。新中国成立初期，枫泾丁蹄仍保持特色，曾先后参加过县、苏南区、华东区土特产品交流会，皆满誉而归。20世纪50年代后期，因原料缺乏，一度停止生产。1984年10月，枫泾供销社土特产商店，专设制作“丁蹄”工厂，仍沿用传统工艺，基本保持原有风味。1990、1991年冬，枫泾丁蹄在上海展览中心亮相，深受顾客欢迎，由于每天仅供应250只，货到后即销售一空。但1992年后，各种丁蹄加工厂如雨后春笋般地增加，当时笔者曾在枫泾镇参加社会主义教育工作队，亲眼目睹各村及不少农户，自建“老虎”灶、进行丁蹄加工，都称正宗枫泾丁蹄销售，制作质量无法保证。1994年后，为开发名、特、优产品，加快金山县传统的特产丁蹄生产，枫泾供销社建造了年产50万只的丁蹄加工厂。1996年金山县食品公司扩建丁蹄加工厂，年产30万只丁蹄，从此丁蹄进入了现代化、规模化生产。其加工流程主要为：蹄髈解冻→烧煮半熟品→整理→烧煮→冷却→真空包装→成品。丁蹄数量不断增加，满足了市场需求，但由于猪瘦肉型繁育体系的建立，丁蹄原料大多为瘦肉型猪，丁蹄已很难保持原有的风味。当然时代在发展，丁蹄生产也不能一成不变，但不能变得面目全非。笔者认为，现在大规模生产枫泾丁蹄已不太可能选用枫泾猪蹄髈，毕竟枫泾猪生长速度太慢，已不适应当前的养猪生产。可退而求其次，采用二元杂种猪长枫、约枫、皮枫等肉猪为原料，既可保持50%枫泾猪血统，生长速度又能加快，肉质比起瘦肉型猪要好得多。这样，饲养户特别是农民可饲养枫泾猪，饲养管理要求不高，丁蹄加工厂也有足够的原料生产丁蹄，又基本保持枫泾丁蹄原有的风味。同时，对保存地方优良品种资源及其开发利用也具有重要作用，一举多得，使枫泾丁蹄发展前景广阔，枫泾古镇丁蹄更香、更好。

第三节　品种资源开发利用前景与品牌建设

一、品种资源开发利用前景

上海市农业科学院畜牧兽医研究所利用枫泾猪、长白猪、皮特兰猪等品种，经选育选配育成了瘦肉型新品种猪——金枫猪。选育过程中，对以枫泾猪为母本的三元杂种瘦肉猪的杂交组合进行了探索，主要考虑三个因素，即商品猪的瘦肉率、农民喜养黑毛母猪和肉类经营者欢迎白毛肉猪，因此，最终确定了以皮特兰猪为第一父本，丹麦长白猪为第二父本的三元杂交繁殖方案，并取名为金枫猪。这个杂交组合中，二元母猪被毛全黑，面部有白流星的典型特征，体型中等，既适合于集约化猪场，又能为专业户和养猪户接受，商品猪被毛全白，适合于肉类经销商要求。金枫猪经过试验示范和大面积的生产考验，证明具有高产优质的优良性能，受到养猪户和消费者欢迎，具有良好的推广前景。

金枫母猪毛色纯黑，母性好，产仔多；商品猪毛色纯白，瘦肉率高，肉质优良，生长速度快。体型适中，成年母猪平均体重158.64kg，全身毛为黑色而稀疏，躯干皮肤呈浅紫铜色，面平滑，额部带有白色流星状花纹，耳下垂，背平直，腹微下垂，体躯丰满，乳头发达，乳头有7～8对；商品金枫猪背毛白色，臀部有少许黑斑或黑点，头较轻，耳小，背平直，后躯丰满，四肢粗壮。

在集约化饲养的个体栏位内，金枫母猪的发情表现极为明显，体重80kg、8月龄左右即可配种，第一胎分娩日龄平均377.81d。金枫母猪断奶后6d之内发情的占82.23%，断奶至配种时间的平均间隔为7.36d，配种容易。采用自然交配时，一次配种受胎率86.49%，复配受胎率62.50%，总受胎94.63%。

产前表现极为明显，产程相对较短。产仔多，初产、二产、经产母猪每窝平均产仔猪数分别为10.68头、11.87头和12.30头，产活仔数分别为10.19头、11.37头和11.87头。初生仔猪平均体重1.202kg，每头母猪平均年产2.138胎。泌乳能力强，21日龄窝重63.04kg，35日龄断奶头数10.68头，平均窝重86.62kg，平均每头重达8.11kg，具有明显的杂种优势。

二、品牌建设

古镇枫泾是江南四大名镇之一，至今已有1 500多年历史，枫泾丁蹄也已有160多年历史。清咸丰二年（1852），丁氏两兄弟在枫泾镇圣堂桥堍，开设丁义兴小饭店，这时候，枫泾镇商店鳞次栉比，酒楼茶坊林立，市场欣欣向荣，热闹非凡。而一爿不显眼的小饭店，欲立足于此谈何容易。唯一的办法，需精制迎合食客口味的佳肴，方能求得生存，业主再三考虑，决定饭店的菜肴基本以鲜肉为主，利用枫泾土种猪皮肉细腻、肉质鲜嫩，取其4只蹄子（俗称蹄膀），烧煮具有独特风味的红烧蹄子应市，食者有口皆碑，丁义兴饭店的生意日益兴隆，当地人们把丁义兴红烧蹄子称为“丁蹄”。

清光绪二十五年（1899），枫泾丁蹄已畅销沪杭铁路线上各站，并远销南洋、北美。宣统二年（1910），枫泾丁蹄获南洋劝业会银质奖，浙江巡抚也发给奖状。民国4年（1915）获巴拿马国际博览会的金质奖章；民国15年（1926）获美国费城世博会甲等大奖；民国24年（1935）又获德国莱比锡万国博览会的金质奖章。此后，枫泾丁蹄的牌子，遐迩闻名，慕名而来的人络绎不绝，丁义兴饭店堂内座无虚席，店门口顾客川流不息。那时候，丁义兴饭店一天生产销售约60只丁蹄，每逢佳节或庙会，销售量要翻一番。当时枫泾镇往来航船有20多条，几乎多向丁义兴饭店代购代运丁蹄，一天销量很大（具体数量不详），靠枫泾本镇肉庄销售的猪蹄远远不能满足烹制丁蹄的需要。于是近则兴塔、朱泾、嘉善、练塘地区，远则平湖、乍浦、嘉兴地区，各路大小集镇的猪蹄源源而来，从此，丁蹄因枫泾镇而扬名，枫泾则有丁蹄特产经济更繁荣。

1997年，枫泾丁蹄获日内瓦国际发明与新技术展览会银牌奖；2011年，被评为上海特色旅游食品，同年“丁义兴”被商务部授予“中华老字号”企业称号；2007年被评为上海市非物质文化遗产；2011年获“上海市特色旅游食品”称号；2013年被上海体育局选定为第十二届全运会上海代表团专供食品；2015年12月29日，“丁义兴”商标通过“上海著名商标”延续认定。目前，在上海金山区枫泾镇建有“枫泾丁蹄非遗文化展示馆”。

参 考 文 献

陈琳，于汝梁，陈幼春，1990. 枫泾猪G带/C带及银染核仁组织区（NOR）的研究［J］. 畜牧兽医学报，21（4）：316-321.

陈幼春，杨少峰，胡承桂，1982. 枫泾猪瞎乳头的遗传规律和排除方法初报［J］. 畜牧兽医学报，13（1）：25-29.

陈兆平，李小弟，2003. 枫泾丁蹄［J］. 养猪，5：49-50.

曹建国，邵雪忠，赵芳银，等，1998. “金枫”猪母系与其他品种母猪繁殖性状比较分析［J］. 上海农业学报，14（3）：9-13.

邓良伟，陈子爱，袁心飞，等，2008. 规模化猪场粪污处理工程模式与技术定位［J］. 养猪，6：21-24.

丁丽敏，李小弟，邵仁慈，等，1986. 枫泾猪繁殖性能最佳近交区域的测定［J］. 上海畜牧兽医通讯，3：6-7.

方美英，姜志华，刘红林，等，1999. 不同猪种中氟烷基因频率调查分析［J］. 浙江农业学报，11（3）：145-147，1999.

黄美玉，赵尚吉，1987. 枫泾母猪单卵和多卵泡的组织学观察［J］. 上海畜牧兽医通讯，1：22-24.

黄美玉，赵尚吉，王瑞祥，等，1987. 枫泾猪胚胎性腺分化的组织学观察［J］. 畜牧兽医学报，18（1）：6-10.

胡承桂，杨少峰，丁丽敏，等，1982. 枫泾猪肥育性能及胴体品质性状遗传参数的初步估测［J］. 遗传，4（3）：19-21.

焦淑贤，王瑞祥，蔡正华，等，1991. 枫泾和长白青年母猪正常发情周期内（五种）生殖激素含量的变化［J］. 中国畜牧杂志，27（8）：25-27.

金四云，1990. 枫泾丁蹄的加工工艺［J］. 肉类研究，3：24-25.

孟安明，齐顺章，于汝梁，等，1995. 枫泾猪/香猪和长白猪的DNA指纹图分析［J］. 遗传，17（3）：19-22.

雷小文，朱才箭，苏州，等，2016. 我国中小猪场粪污减排模式探讨［J］. 中国养猪业，16：46-48.

潘忠平，沙文峰，季柏生，等，1987. 枫泾母猪分娩行为的观察［J］. 上海畜牧兽医通讯，

4：11-13.

邵水龙，杨德祥，1996. 枫泾猪的亲缘程度与繁殖性能的同质性［J］. 养猪，1：26-27.

王林云，2016. 对猪场粪污处理技术的分析和全自动处理技术的探讨［J］. 中国养猪业，16：9-14.

王金玉，陈国宏，2008. 数量遗传与动物育种［M］. 1版. 南京：东南大学出版社.

王瑞祥，蔡正华，焦淑贤，等，1991. 枫泾和长白母猪对初情期前注射黄体素类似物（LRH-A2）的反应［J］. 畜牧兽医学报，22（2）：122-126.

王瑞祥，孙莹，焦淑贤，等，1985. 枫泾母猪妊娠期外周血清的孕酮含量［J］. 畜牧兽医学报，16（3）：149-153.

王瑞祥，赵尚吉，黄美玉，等，1981. 枫泾猪母猪生殖器官和性机能的发展［J］. 畜牧兽医学报，12（4）：7-10.

王燕丽，李军，2016. 猪生产技术［M］. 2版. 北京：化工出版社.

吴译夫，夏祖灼，李齐贤，1988. 猪血清蛋白质多态型及其遗传学研究［J］. 南京农业大学学报，11（3）：79-84.

杨少峰，1985. 枫泾猪繁殖生理特性［J］. 上海畜牧兽医通讯，1：6-7.

于汝梁，辛彩云，陈琳，等，1992. 长白猪、枫泾猪和它们的杂种后代 Ag-NOR 的研究［J］. 遗传学报，19（4）：304-307.

张德福，王凯，王英，等，2000. 枫泾猪发情周期子宫性腺激素受体含量的变化［J］. 中国兽医学报，20（3）：298-301.

张似青，邱观连，杨少峰，等，2009. 枫泾猪群体繁殖性能现状分析［J］. 上海畜牧兽医通讯，3：12-13.

张照，1991. 中国太湖猪［M］. 上海：上海科学技术出版社.

赵尚吉，胡承桂，郭金忠，等，1986. 7～8 月龄枫泾猪的卵巢/子宫角/排卵数和卵巢囊肿的观测［J］. 中国兽医杂志，12（4）：14-15.

赵尚吉，黄美玉，1988. 枫泾猪同一个体妊娠各阶段胎儿存活率的活体观察［J］. 畜牧兽医学报，19（1）：30-34.

朱化彬，王瑞祥，1995. 枫泾和长白猪卵巢中抑制素相对活性（含量）的对比研究［J］. 黑龙江动物繁殖，3（1）：8-11.

附　　录

附录一　《枫泾猪》（DB 32/T 1941—2011）

1　范围

本标准规定了枫泾猪的品种特征特性、种猪等级评定、种猪选留标准以及种猪出场要求。

本标准适用于江苏省范围内的枫泾猪品种鉴定和等级评定，供其他省区参考。

2　品种特征特性

2.1　体型外貌

枫泾猪在太湖猪所有类群中体型中等。全身被毛黑色或青灰色、毛稀疏，腹部皮肤多呈紫红色。头大额宽，额部和后躯均有皱褶，耳特大、下垂，耳尖齐或超过嘴角。背腰微凹，胸较深，腹大下垂而不拖地，臀部倾斜。四肢粗壮，肢蹄结实。乳房发育良好，有效乳头16个以上。枫泾猪外貌参见附录A。

2.2　生长发育

正常饲养管理条件下，60日龄仔猪体重不低于10kg，120日龄后备种猪体重不低于27kg，成年公猪体重不低于150kg，成年母猪不低于125kg。

2.3　繁殖性能

母猪初情期60日龄～120日龄，初配年龄4月龄～6月龄；公猪第一次爬跨射精为70日龄～90日龄，公猪初配年龄6月龄；初产母猪总产仔数平均不

少于11头，产活仔数不少于10头，3胎～7胎母猪总产仔数不少于15头，产活仔数不少于13头。

2.4 肥育性能

肥育猪适宜屠宰期8月龄～10月龄，适宜屠宰体重70kg～80kg，15kg～75kg体重阶段内，平均日增重不少于370g。

2.5 胴体品质

肥育猪在体重75kg左右屠宰时，屠宰率63%～66%，平均膘厚2.0cm～3.2cm，胴体瘦肉率40%～44%。

3 种猪等级评定

3.1 种猪必备条件

种猪必备条件如下：

a）体型外貌符合2.1的规定；

b）生殖器官发育正常，有效乳头数16个以上；

c）无遗传疾患，健康状况良好；

d）来源和血缘清楚，档案系谱记录齐全。

3.2 种猪评定标准

种猪按60日龄、120日龄和成年三个阶段分级评定。

3.2.1 60日龄仔猪合格评定

a）双亲的等级评定均不低于三等；

b）个体体重不低于10kg。

3.2.2 120日龄后备种猪等级评定

a）后备种猪应符合3.1的规定；

b）120日龄后备种猪的等级评定以体重（m）为依据。划分为特等、一等、二等和三等（见表1）。

表1 120日龄后备种猪等级评定标准

单位：kg

等 级	后备种猪体重（m）
特等	m≥38
一等	38>m≥34

（续）

等　级	后备种猪体重（m）
二等	34>m≥32
三等	32>m≥27

3.2.3　成年种猪的等级评定标准

3.2.3.1　参加评定的种猪应是通过120日龄评定为二等以上的公猪和三等以上的母猪。

3.2.3.2　种母猪的等级评定以窝总产仔数和窝产活仔数的综合指数（I）为标准，指数按公式（1）计算：

$$I = \frac{\text{窝总产仔数} + \text{窝产活仔数}}{2} \times L \quad \cdots\cdots (1)$$

式中　I——综合指数；

L——胎次的校正系数（1胎为1.33，2胎为1.08，3胎～7胎为1.00，8胎以上为1.17）。

3.2.3.3　种公猪的等级评定用至少5头与配母猪的平均成绩计算。

3.2.3.4　等级评定标准：在母猪妊娠期日粮含消化能11.42MJ/kg～12.12MJ/kg、粗蛋白12%～12.5%，泌乳期日粮含消化能11.83MJ/kg～12.43MJ/kg、粗蛋白14%～14.5%的条件下，按综合指数高低分为特等、一等、二等和三等（见表2）。

表2　成年种猪等级评定标准

等　级	综合指数（I）
特等	I≥17
一等	17>I≥16
二等	16>I≥15
三等	15>I≥14

4　种猪选留标准

4.1　各阶段评定等级不低于三等。

4.2　按规定程序免疫，健康无病。

4.3　种猪系谱及档案资料齐全。

5 种猪出场要求

5.1 凡出场的种猪应达 3.1 的要求。

5.2 经 60 日龄评定为合格或 120 日龄评定不低于三等。

5.3 个体标识清晰，系谱档案资料齐全，应符合《畜禽标识与养殖档案管理办法》的规定。

5.4 外观健康，按规定接种疫苗，并出具有效的检疫证明。

5.5 有种猪出场合格证。

附 录 A

（资料性附录）

枫泾猪外貌照片

（a1）种公猪正面照

（a2）种母猪正面照

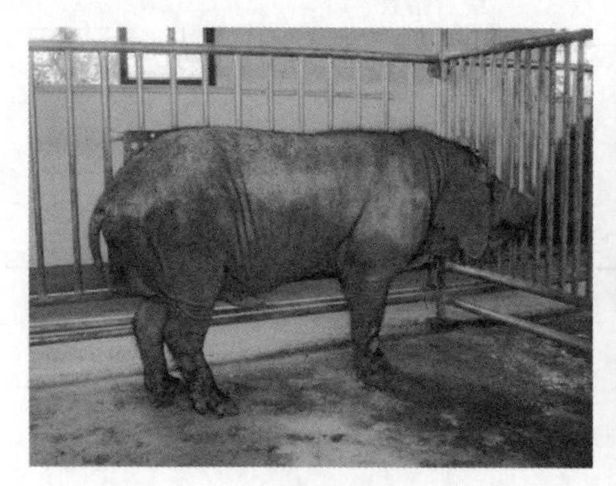

（b1）种公猪侧面照

（b2）种母猪侧面照

（c1）种公猪后躯照

（c2）种母猪后躯照

附录二 《枫泾猪养殖技术规程》（DB 32/T 1942—2011）

1 范围

本标准规定了枫泾猪公猪、母猪、仔猪、肥育猪饲养管理技术要求。

本标准适用于枫泾猪的饲养管理。

2 规范性引用文件

下列文件对于本标准的应用是必不可少的。凡是注日期的引用文件，仅注日期的版本适用于本文件。凡是不注日期的引用文件，其最新版本（包括所有的修改单）适用于本文件。

GB 16549　畜禽产地检疫规范

GB 16567　种畜禽调运检疫技术规范

GB/T 17823—1999　中小型集约化养猪场兽医防疫工作规程

NY/T 636—2002　猪人工授精技术规程

3 后备公母猪饲养管理

3.1 饲养

3.1.1　饲养标准和日喂量参见附录 A。

3.1.2　每月称测体重，及时调整饲喂量。

3.1.3 公、母猪实行分开饲养，后备母猪以精料为主，适当搭配青饲料。后备公猪以精料为主。

3.1.4 后备公猪因性成熟太早，不思采食而影响生长发育，应加强运动和饲喂。

3.2 管理

3.2.1 分群

3月龄后，公、母后备猪实行分圈饲养。

3.2.2 选种

2月龄、4月龄对后备公、母猪按品种标准各进行一次评定和选择。

3.2.3 调教

进行“三点定位调教”“人猪亲和调教”。

3.2.4 采精调教

公猪采精调教年龄为5月龄～6月龄，体重50kg～60kg。

3.2.5 配种

后备母猪初配年龄6月龄～7月龄，体重达成年种猪体重的55%左右即可初配。

4 种公猪饲养管理

4.1 饲养

4.1.1 成年种公猪日粮营养标准及日饲喂量参见附录A。

4.1.2 湿拌料或干料，日喂两次。

4.1.3 供给充足清洁饮水。

4.2 管理与利用

4.2.1 单圈饲养

每圈$6m^2$～$7m^2$。

4.2.2 每天清扫圈舍两次，刷拭猪体一次。

4.2.3 运动

每天跑道中运动1h，2km左右。

4.2.4 利用

青年公猪每周采精1次～2次，休息5d～6d；成年公猪每周采精5次～6次，休息1d～2d。非配种期每15d采精一次，并进行精液品质检查。采精按标准 NY/T 636—2002 执行。利用年限一般 4 年左右。

5　妊娠母猪饲养管理

5.1　饲养

5.1.1　妊娠前期（配种至怀孕 84d）和妊娠后期（怀孕 85d 至产前）饲养标准和日喂量参见附录 A。

5.1.2　实行小群或单栏饲养，每天饲喂 2 次～3 次，视母猪体况采用限制饲喂，前期 8 成膘，后期 9 成膘，增喂青绿多汁饲料，每头每天 2kg 左右，不得饲喂霉变饲料。

5.2　管理

5.2.1　调群

产前 7d 调入产房。

5.2.2　保胎

不要强行驱赶，防止打架、滑跌。

6　哺乳母猪饲养管理

6.1　饲养

6.1.1　产前产后适当减料，产仔当天可不喂料，只喂温麸皮盐水汤。

6.1.2　哺乳母猪饲养标准和日喂量参见附录 A。母猪泌乳量大，对偏瘦母猪可高于规定日喂量。

6.2　管理

6.2.1　产前准备

产前 10d 准备好产房，准备好接产工具及药品。

6.2.2　分娩前后护理

母猪母性好，自理能力强，常规护理即可。

6.2.3　保持环境安静，保证圈舍清洁干燥，空气新鲜。

7　哺乳仔猪饲养管理

7.1　饲养

7.1.1　人工辅助固定奶头，吃足初乳，弱小仔猪固定在前面 2 对～3 对奶头。

7.1.2　2 日龄～3 日龄补铁、补硒。

7.1.3 7日龄开始诱食；及时补料，自动料槽自由采食。

7.2 管理

7.2.1 仔猪接产

仔猪产出后迅速擦干口鼻及全身黏液，离腹部5cm处断脐、消毒。

7.2.2 护理

产房应配有保温设施；母猪母性好，无需特殊防压设施。

7.2.3 寄养

产仔多，应及时做好寄养工作。

7.2.4 称重、编号、登记

仔猪产后12h内称重、编号，登记分娩记录。

7.2.5 剪牙、断尾、阉割

仔猪出生后即剪除犬齿、商品用猪断尾（纯种不断尾），如不留种，20日龄～25日龄阉割。

7.2.6 断奶

28日龄～35日龄断奶，去母留仔。

8 保育猪饲养管理

8.1 饲养

8.1.1 断奶后第一周内逐步过渡为保育料。

8.1.2 全期实行自由采食、自由饮水。

8.2 管理

8.2.1 分群

每窝一栏，每头面积不少于0.3m²，全进全出。

8.2.2 环境管理

保持圈内温度25℃以上，通风良好、清洁卫生、干燥。

9 生长肥育猪饲养管理

9.1 饲养

9.1.1 饲养标准和日喂量参见附录A。

9.1.2 喂料采用自由采食，饲喂量随体重增加而增加。日喂2次～3次，料型为湿料饲喂或干喂。

9.1.3　采用自由饮水，饮用水要保持清洁。

9.2　管理

9.2.1　每栏 15 头～20 头，每头面积 0.5 m^2～0.8 m^2。

9.2.2　夏天做好防暑降温，冬天做好防寒保暖工作。

9.3　出售

生长育肥猪 240 日龄体重达 75kg；出栏适宜体重 70kg～80kg。

10　疾病防治

10.1　防疫管理

按照《中华人民共和国动物防疫法》和 GB/T 17823—1999 的各项规定，落实动物防疫措施。引入种猪按照 GB 16567 及其他相关要求执行。猪只出场按照 GB 16549 的规定执行。

10.2　疾病预防

10.2.1　猪场规划要“三区”“两道”分开，有完善的排污及粪便处理系统。

10.2.2　清洗、消毒

健全各项卫生、消毒（含圈舍、设备的清洗）制度，每周带猪消毒 1 次～2 次。

10.2.3　驱虫

选用高效、安全、广谱、低残留的抗寄生虫药，定期对不同猪群实施驱虫。

10.2.4　免疫

各类猪根据附录 B 免疫计划进行免疫。

11　记录

养殖记录，保留 2 年；种猪育种记录长期保存。

附　录　A

（规范性附录）

枫泾猪饲养标准

本标准所规定的种猪生长发育和生产性能以中等饲养水平为基础。枫泾猪饲养标准见表 A.1。

表 A.1 枫泾猪饲养标准

类别	阶段	消化能（kJ）	粗蛋白（%）	钙（%）	磷（%）	食盐（%）	风干料量（kg）	能量浓度（kJ/kg）
公猪	非配种期	16 318	10.2	0.70	0.55	0.37	1.5	10 878
	配种期	19 450	14.1	0.75	0.60	0.37	1.6	12 552
母猪	妊娠前期	15 309	8.6	0.75	0.60	0.37	1.42	10 042
	妊娠后期	17 554	10.7	0.75	0.60	0.37	1.58	10 878
	哺乳期	36 856	17.5	0.90	0.72	0.37	3.0	12 552
后备猪	10～25kg	9 853	18.0	0.74	0.60	0.37	0.85	12 552
	25～40kg	14 907	16.0	0.62	0.53	0.37	1.2	11 715
	40～55kg	18 154	14.0	0.53	0.44	0.30	1.6	10 878
仔猪	哺乳期	仔猪哺乳期补料，每头 0.15kg～0.20kg。补料中可消化粗蛋白含量 15%以上，能量浓度不低于 13 806 kJ/kg						
保育猪	9～15kg	15 022	15.0	0.72	0.60	0.30	自由	—
肥育猪	15～30kg	15 058	14.5	0.62	0.53	0.30	自由	—
	30～55kg	18 493	14.0	0.53	0.44	0.30	自由	—
	55kg～上市	24 614	13.5	0.44	0.35	0.30	限饲	—

附 录 B

（规范性附录）

枫泾猪参考免疫规程

表 B.1 枫泾猪免疫技术规程

猪群类别	接种日龄	疫苗名称	备注
哺乳仔猪	14	喘气病	
	20	蓝耳	
	25	猪瘟	脾淋苗
	32	伪狂犬	
后备猪	60	猪瘟	脾淋苗
	60	猪丹毒、猪肺疫	
	70	口蹄疫	
	155	蓝耳	
	162	细小	
	169	猪瘟	脾淋苗
	176	蓝耳	
	182	伪狂犬	基因缺失苗
	189	口蹄疫	
	196	驱虫	

（续）

猪群类别	接种日龄	疫苗名称	备注
妊娠母猪	产前48d	蓝耳	
	产前45d	伪狂犬	
	产前42d	口蹄疫	
	产前25d	腹泻两联	
	产前20d	猪瘟	脾淋苗
	产前20d	K88K99	
哺乳母猪	产后10d	蓝耳	
	产后20d	猪瘟	脾淋苗
	产后25d	细小	
种公猪	3、7、11月	伪狂犬	
	3、7、11月	猪瘟	脾淋苗
	3、7、11月	口蹄疫	
	半年1次	蓝耳	
	半年1次	细小	

附录三　肉脂型生长育肥猪每千克饲粮中养分含量（自由采食，88%干物质）

体重，kg	15～30	30～60	60～90
日增重，kg/d	0.40	0.50	0.59
饲料/增重	1.28	1.95	2.92
饲粮消化能含量，MJ/kg（kcal/kg）	3.20	3.90	4.95
粗蛋白，g/d	15.0	14.0	13.0
能量蛋白比，kJ/%（kcal/%）	780（187）	835（200）	900（215）
赖氨酸能量比，g/MJ（g/Mcal）	0.67（2.79）	0.50（2.11）	0.43（1.79）
氨基酸，%			
赖氨酸	0.78	0.59	0.50
蛋氨酸+胱氨酸	0.40	0.31	0.28
苏氨酸	0.46	0.38	0.33
色氨酸	0.11	0.10	0.09
异亮氨酸	0.44	0.36	0.31

（续）

体重，kg	15～30	30～60	60～90
矿物元素，或每千克饲粮含量			
钙,%	0.59	0.50	0.42
总磷,%	0.50	0.42	0.34
有效磷,%	0.27	0.19	0.13
钠,%	0.08	0.08	0.08
氯,%	0.07	0.07	0.07
镁,%	0.03	0.03	0.03
钾,%	0.22	0.19	0.14
铜，mg	4.00	3.00	3.00
铁，mg	70.00	50.00	35.00
碘，mg	0.12	0.12	0.12
锰，mg	3.00	2.00	2.00
硒，mg	0.21	0.13	0.08
锌，mg	70.00	50.00	40.00
维生素和脂肪酸，或每千克饲粮含量			
维生素 A，IU	1 470	1 090	1 090
维生素 D，IU	168	126	126
维生素 E，IU	9	9	9
维生素 K，mg	0.4	0.4	0.4
硫胺素，mg	1.00	1.00	1.00
核黄素，mg	2.50	2.00	2.00
泛酸，mg	8.00	7.00	6.00
烟酸，mg	12.00	9.00	6.50
吡哆醇，mg	1.50	1.00	1.00
生物素，mg	0.04	0.04	0.04
叶酸，mg	0.25	0.25	0.25
维生素 B_{12}，μg	12.00	10.00	5.00
胆碱，g	0.34	0.25	0.25
亚油酸，g	0.10	0.10	0.10

注：选自《猪饲养标准》（NY/T 65—2004）。

附录四　肉脂型妊娠、哺乳母猪每千克饲粮养分含量（88%干物质）

	妊娠母猪	哺乳母猪
采食量，kg/d	2.10	5.10
饲粮消化能含量，MJ/kg（kcal/kg）	11.70（2 800）	13.60（3 250）
粗蛋白，%	13.0	17.5
能量蛋白比，kJ/%（kcal/%）	900（215）	777（186）
赖氨酸能量比	0.37（1.54）	0.58（2.43）
氨基酸，%		
赖氨酸	0.43	0.79
蛋氨酸＋胱氨酸	0.30	0.40
苏氨酸	0.35	0.52
色氨酸	0.08	0.14
异亮氨酸	0.25	0.45
矿物元素，或每千克饲粮含量		
钙，%	0.62	0.72
总磷，%	0.50	0.58
有效磷，%	0.30	0.34
钠，%	0.12	0.20
氯，%	0.10	0.16
镁，%	0.04	0.04
钾，%	0.16	0.20
铜，mg	4.00	5.00
铁，mg	0.12	0.14
碘，mg	70	80
锰，mg	16	20
硒，mg	0.15	0.15
锌，mg	50	50
维生素和脂肪酸，或每千克饲粮含量		
维生素 A，IU	3 600	2 000
维生素 D，IU	180	200

（续）

	妊娠母猪	哺乳母猪
维生素 E，IU	36	44
维生素 K，mg	0.40	0.50
硫胺素，mg	1.00	1.00
核黄素，mg	3.20	3.75
泛酸，mg	10.00	12.00
烟酸，mg	8.00	10.00
吡哆醇，mg	1.00	1.00
生物素，mg	0.16	0.20
叶酸，mg	1.10	1.30
维生素 B_{12}，μg	12.00	15.00
胆碱，g	1.00	1.00
亚油酸，g	0.10	0.10

注：选自《猪饲养标准》（NY/T 65—2004）。

附录五　地方猪种后备母猪每千克饲粮中养分含量（88%干物质）

体重，kg	10～20	20～40	40～70
预期日增重，kg/d	0.30	0.40	0.50
预期采食量，kg/d	0.63	1.08	1.65
饲料/增重	2.10	2.70	3.30
饲粮消化能含量，MJ/kg（kcal/kg）	12.97（3 100）	12.55（3 000）	12.15（2 900）
粗蛋白，%	18.0	16.0	14.0
能量蛋白比，kJ/%（kcal/%）	721（172）	784（188）	868（207）
赖氨酸能量比，g/MJ（g/Mcal）	0.77（3.23）	0.70（2.93）	0.48（2.00）
氨基酸，%			
赖氨酸	1.00	0.88	0.67
蛋氨酸＋胱氨酸	0.50	0.44	0.36

（续）

体重，kg	10～20	20～40	40～70
苏氨酸	0.59	0.53	0.43
色氨酸	0.15	0.15	0.13
异亮氨酸	0.56	0.49	0.41
矿物元素，%			
钙	0.74	0.62	0.53
总磷	0.60	0.53	0.44
有效磷	0.37	0.28	0.20

注：选自《猪饲养标准》（NY/T 65—2004）。

附录六　肉脂型种公猪每千克饲粮中养分含量（88%干物质）

体重，kg	10～20	20～40	40～70
日增重，kg/d	0.35	0.45	0.50
采食量，kg/d	0.72	1.17	1.67
饲粮消化能含量，MJ/kg（kcal/kg）	12.97（3 100）	12.55（3 000）	12.55（3 000）
粗蛋白，%	18.8	17.5	14.6
能量蛋白比，kJ/%（kcal/%）	690（165）	717（171）	860（205）
赖氨酸能量比，g/MJ（g/Mcal）	0.81（3.39）	0.73（3.07）	0.50（2.09）
氨基酸，%			
赖氨酸	1.05	0.92	0.73
蛋氨酸＋胱氨酸	0.53	0.47	0.37
苏氨酸	0.62	0.55	0.47
色氨酸	0.16	0.13	0.12
异亮氨酸	0.59	0.52	0.45
矿物元素，%			
钙	0.74	0.64	0.55
总磷	0.60	0.55	0.46
有效磷	0.37	0.29	0.21

注：选自《猪饲养标准》（NY/T 65—2004）。

附录七　枫泾丁蹄的工艺流程

一、选料

选用体重 65～70kg 的枫泾猪。沿小腿处割下前腿，沿膝关节处割下后腿，分别割除腿圈。每只毛猪蹄重为 1kg 左右。其表皮应无伤斑、红点，后腿的洞处破皮部分应不超过猪蹄总长度的 2/5，否则应剔除。

二、修割

先用刀将梯形状的毛猪蹄修割成近似手掌形状，再根据每只猪蹄的肥瘦程度来修割，对于较肥的猪蹄，其皮下脂肪多修掉一些。最后，将猪蹄上的碎骨、韧带、瘀血及表皮污物等修去。

修割整理应掌握标准，割面整齐美观，表皮要比肉稍长 1cm 左右。每只猪蹄经修割整理后重量为 750g 左右。

三、预煮

将修割整理后的猪蹄放入铁锅，加入冷水，以浸没猪蹄为宜，然后用旺火加热。煮开后把猪蹄捞出，放入竹筐内。

四、刮毛

将预煮的猪蹄冷却 10min 左右，用剃须刀刮毛。刮毛时尽量避免刮破表皮。刮毛毕，用清水冲净。

五、煮制

1. 配料　猪蹄 60 只（每锅）、酱油 5kg、丁香 50g、枫泾黄酒 500g、桂皮 50g、冰糖 3.5kg、姜 20g、味精 100g、葱 20g。

2. 三旺三文

（1）将洗净的猪蹄入锅，加水，以浸没为宜，用旺火煮开，撇去浮油。

（2）将香辛料磨碎后放入锅内，用文火烧至汤汁减半时（约 2h），加入酱油、枫泾黄酒，同时将汤汁反复浇淋猪蹄。再用旺火煮开，用文火焖煮。约半小时后，加入冰糖，再用汤汁反复浇淋，然后用文火焖煮。

(3) 当焖煮至猪蹄成熟时（共约 3.5h），加入味精，同时加一定量的老汤，仍用汤汁反复浇淋猪蹄 3min，最后用旺火稠浓卤汁，文火略烩即可。

上述过程俗称“三旺三文”，以文为主，煮制时间需 4h 左右。

六、造型

把煮好的猪蹄捞出，放入搪瓷盆中（其尺寸上下口径各为 18cm、12cm，高 5.5cm），每盆一只，趁热拆骨，然后把汤汁灌满盆子，把它们存放在空气流通卫生，且室温 10℃以下的室内。4～6h 后，汤汁冻结，可以出盆，即成为圆柱形的丁蹄。

七、包装

先用油光纸把丁蹄包住，然后用普通食品包装纸再包一层，放入商标，外包两个半圆形的竹篓，用细绳扎住即可。目前，也可采用真空包装。

枫泾母猪

枫泾公猪

哺乳中的枫泾猪

枫泾猪群体

小群饲养母猪舍

枫泾丁蹄

传统产房+外运动场

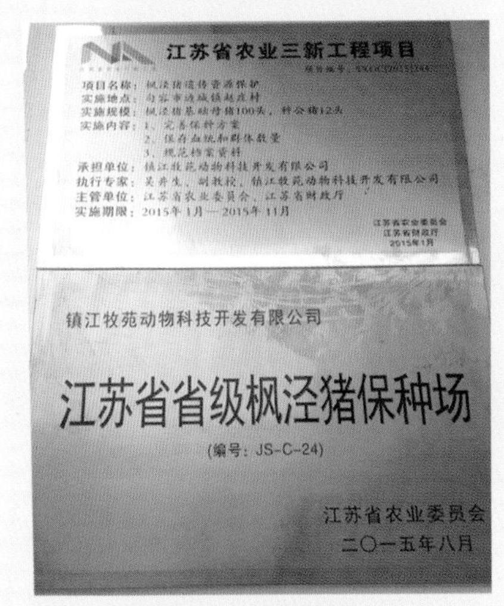

省级枫泾猪保种场

枫泾丁蹄非遗文化展示馆

枫泾猪照片（选自《中国太湖猪》）

枫泾猪照片（选自《枫泾猪》）

枫泾猪专著（金山区档案馆提供）

太湖猪选育资料汇编（1983年）

走访调研

枫泾丁蹄介绍

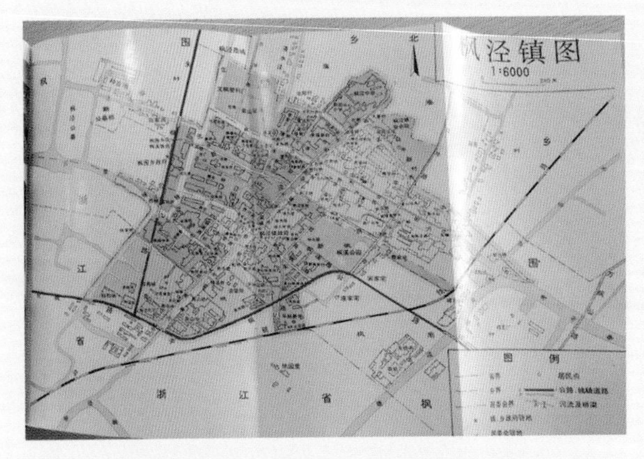

枫泾猪镇区地图（选自《枫泾猪》）

枫泾镇牌楼

20世纪80年代的枫泾猪公猪照片（阚耀良提供）